教育部产学合作协同育人项目 2023 年批次立项项目（项目编号：230804085154302）
贵州省本科教学内容和课程体系改革项目（项目编号：2023040）

电子工艺创新实践与工训平台建设

王 猛 ◎ 著

西南交通大学出版社
·成 都·

图书在版编目（CIP）数据

电子工艺创新实践与工训平台建设 / 王猛著.

成都：西南交通大学出版社，2024. 8. -- ISBN 978-7-5643-9957-3

Ⅰ. TN

中国国家版本馆 CIP 数据核字第 20248AX057 号

Dianzi Gongyi Chuangxin Shijian yu Gongxun Pingtai Jianshe

电子工艺创新实践与工训平台建设

王　猛　著

策划编辑	黄淑文
责任编辑	赵永铭
封面设计	原谋书装
出版发行	西南交通大学出版社 （四川省成都市金牛区二环路北一段 111 号 西南交通大学创新大厦 21 楼）
营销部电话	028-87600564　028-87600533
邮政编码	610031
网　址	http://www.xnjdcbs.com
印　刷	四川森林印务有限责任公司
成品尺寸	185 mm × 260 mm
印　张	11.5
字　数	280 千
版　次	2024 年 8 月第 1 版
印　次	2024 年 8 月第 1 次
书　号	ISBN 978-7-5643-9957-3
定　价	49.00 元

图书如有印装质量问题　本社负责退换

版权所有　盗版必究　举报电话：028-87600562

前　言

PREFACE

工程训练中心是服务全校师生，以系统地培养大学生综合工程实践基本能力为目标的工程实践教学中心，是将创新和创业连接起来的大学生工程创新实践活动中心，也是面向高校经管哲社农科的劳动实践中心，还是多学科交叉融合、校企协同合作的技术创新促进中心（简称“四个中心”）。“十四五”时期，是我国经济转型、制造业迅速发展、信息技术与制造业深度融合、创新驱动发展战略实施的重要发展机遇期。《中国制造2025》、“互联网＋”行动计划、《促进大数据发展行动纲要》、“产教融合”“人工智能＋”等有关政策出台，“大众创业，万众创新”战略实施，为高等教育以及工程训练中心迎来新一轮重要发展机遇。面对新常态必须集中力量，聚精会神建设完善的开放、创新、创业训练平台和基地，积极贯彻创新、协调、绿色、开放、共享五大发展理念，运用五大发展理念指导教育改革，大力发展信息化、数字化、智能化建设，助推产学研、工程训练深度融合，创新人才培养方法，完善教学体系，着力培养学生工程素养，增强学生创新创业能力，全面提高人才培养质量，服务社会、经济发展。

本书总结了十余年工程训练教学经验，从电工电子实训教学模块出发，结合国际最前沿的工程教学理念，将大学生竞赛内容与课程内容深度融合，系统阐述电工电子实训教学模式、方法，同时结合时代发展，提出高校工程训练中心的改革举措，有力支撑高校强工科的建设发展。

由于编者水平有限，书中难免存在疏漏之处，恳请读者批评指正。

作　者

2024年1月16日

目 录

CONTENTS

第1章 电工电子技术概述

1.1 电工电子技术的发展现状与发展策略

近年来，我国信息化和智能化水平得到很大的发展。在该时代背景下，各个领域都在进行技术和产业模式创新。电子技术的普及推动了电气工程专业的重要学科——电工电子技术的发展，使得电工电子技术在各行业应用广泛。在创新型时代，电工电子技术的研究成果对社会发展的贡献是非常大的，所以推进电工电子技术的发展对于整个电气行业甚至整个社会都是非常必要的。

电工电子技术指的是基于电子元器件、数电、模电、测量与仪器及自动化等技术于一体的综合体系。随着信息技术的不间断发展，电工电子技术与信息技术和智能化技术相结合，其功能越来越趋于多元化，更符合现代化科学技术生产力发展的趋势。除此之外，具有人工智能的电工电子技术若在机械设备上运用，则能够实现设备运行的低能耗、高效率，只要具备足够的电力支持，就可以把人工操作转变为自动化控制。并且智能化的电工电子技术还可以完成一些人工操作无法实现的工作，实现原有设备功能的多样化，最大程度地提高电气设备的使用效能。总之，电工电子技术能够有效提高社会生产的自动化水平，实现数字化、智能化生产模式的转变，是社会生产降低成本、优化结构的有效技术手段。当今时代就是电工电子技术和大数据技术充分结合运用的时代，只有这样，我们的生产设备才不被淘汰。本节综合分析了我国电工电子技术的发展现状，并提出电工电子技术以及行业的发展建议，希望为电工电子技术的教学及发展提供一些参考。

1.1.1 电工电子技术发展现状

目前，电工电子技术在发展过程中，主要存在以下两方面不足：首先，尽管电工电子技术在机械设备中的应用在很大程度上实现了机械作业效率的提升，但是电工电子技术充分发挥作用，需要以完备的信息系统作为支撑，应用信息系统对电工电子技术应用过程中所涉及的各方面细节进行有效的调整与控制，有效保障电工电子技术在应用时真正符合机械设备的实际情况及生产方面的实践需求。如果信息系统出现问题，那么电工电子技术就无法真正发挥其效用，生产作业也将因此受到影响。然而，目前并未形成与电工电子技术发展相适应的信息管理系统，这在很大程度上阻碍着电工电子技术的进一步发展。其次，目前在对电工电子技术展开应用管理时，由于管理人员的综合素质与管理实践能力不足，因而往往无法协调好多种电工电子技术在同一机械作业中的统筹应用，不能充分发挥不同电工电子技术的使用价值，这同样在很大程度上制约着进一步实现对电工电子技术的创新性发展进度。电工电子技术是一项专业性比较高的工作，技术人员的基本知识和实际操作能力对于整个工作的影响很大，所以对电工电子技术操作的工作人员也必须进行专业化的培训。电工电子技术是一项复杂的技术，它是多种技术的综合应用，所以电工电子技术的管理人员必须是掌握多种技术并灵活应用的综合型人才。但是目前我国电工电子技术的工作人员非常稀缺，并且已经从事电工电子技术工作的人员的业务能力也不够强。加上信息技术和电子技术的更新速度较快，从事电工电子工作的技术人员的技术更新难以跟上，所以目前的电工电子技术的实际应用和管理中还存在很多问题，需要加强对技术人员的培训来改善目前的状况。

1.1.2 新时代电工电子技术的主要特征分析

新时代，电工电子技术主要呈现出以下三方面特征：其一，精细化特征。在电力充足的情况下，应用电工电子技术，能够对各类机械设备进行精细化控制，自动化操作完成复杂的作业。切实提升各类机械设备的工作效率，这是传统电工电子技术所不具备的突出优势。其二，智能化特征。伴随信息技术的不断发展，智能技术也开始与电工电子技术相结合，出现智能电工电子技术，有利于控制经济成本，促进经济效益与电工电子技术应用管理水平提升。其三，可控化特征。目前，在电工电子技术应用实践中，控制能力日益提高，因而电工电子技术能够更为灵活地应用于各方面生产实践之中，有效避免在应用电工电子技术时出现失控的情况，更好地实现电工电子技术与社会各个行业之间的有机结合，发挥电工电子技术对于其创新发展的促进作用。

1.1.3 未来电工电子技术的发展对策

1. 科学制定电工电子技术发展规划

信息化时代，推动电工电子技术实现创新发展是实现生产效率与人民生活水平提高的必然趋势。因此，必须提高对于促进电工电子技术发展的重视力度，将电工电子技术发展上升至战略层面。做好相应顶层设计，明确电工电子技术的短期与长期发展目标，以此发展规划作为发展电工电子技术的基本参照。在电工电子技术中落实好规划的各方面细节性内容，同时重视结合生产与生活的实践需求，以及在落实发展规划过程中遇到的问题对其进行灵活调整，以此确保电工电子技术始终沿着正确的方向发展，增强电工电子技术发展的方向性与针对性。与此同时，要重视加强不同行业及不同领域之间的合作，促使各个企业认识电工电子技术的实践应用价值，以此推动电工电子技术与多项工作实现有机结合，最大限度地开发电工电子技术的应用方式与应用路径，进而在应用实践过程中推动电工电子技术实现创新发展。

2. 推动电工电子技术多元化发展

电工电子技术的应用为社会生产提供了强大的动力，降低了生产成本，促进了企业发展。相对应的，各行业也为电工电子技术提供了发展平台，二者是相辅相成的关系。企业

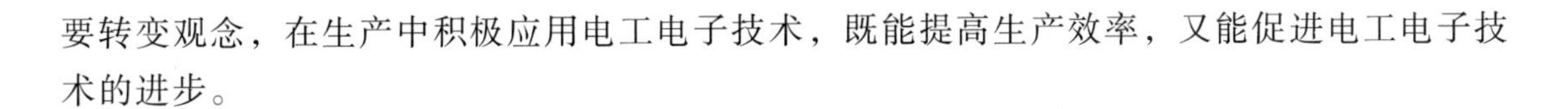
要转变观念，在生产中积极应用电工电子技术，既能提高生产效率，又能促进电工电子技术的进步。

3. 加强电工电子技术的管理

要重视对电工电子技术人才的挖掘和培养，建立专门的人才培养体系。对于已经在职的电工电子技术人员，要定期进行培训，不仅要普及专业知识，还要对专业的技能进行训练。培养出具备信息技术和电工技能的综合型人才，跟上现代化信息技术的发展步伐，促进电工电子技术的进步。另外，善于引进管理人才，运用专业化的管理知识和方法，对电工电子技术进行科学化的管理和规划发展。

在注重应用电工电子技术时，要结合信息系统对其进行全方位的高效管理与控制，避免在细节方面出现问题。应重视面向管理工作人员展开主题培训活动，增进他们对于电工电子技术的了解，帮助他们掌握电工电子技术应用管理方法，从而构建专业化电工电子技术应用管理队伍。与此同时，需要完善电工电子技术应用管理制度，从而有效约束和规范电工电子技术应用行为，切实助推电工电子技术发展。信息管理系统对于电工电子技术的应用有着非常重要的意义，而在实际应用发展电工电子技术的过程中，还需要重点关注开发与之相适应的信息管理系统。通过这一信息管理系统有效在电工电子技术应用过程中增强对于各方面细节的控制能力进一步推动电工电子技术朝着精细化、智能化与可控化方向发展，实现对于电工电子技术应用的高效管理，进而充分发挥电工电子技术的内在价值。加快可再生技术研发与应用进程电工电子技术中可再生技术是其重要的构成成分，想要高度发展电工电子技术，则必须要重视其发展的可再生技术，加快可再生技术研发与应用进程。从构成上看，可再生技术主要包括无线漫游技术、太阳能技术等技术，将这些技术应用于生产实践之中，能够切实提高生产实践效率。同时从根本上改变社会获取能源的方式，能够有效地解决能源问题，推动电工电子技术更好地与社会生产和人们的生活相结合。为此，应加强科研支持力度，为可再生技术研发与应用提供充足的人力与物力资源支持，加快新理论与新技术在实践中得以转化应用的速度，推动可再生技术实现可持续发展，进而推动电工电子技术发展。

4. 推动发展可再生技术

电工电子技术中的可再生技术是非常重要的一部分，比如太阳能技术、无限漫游技术等可再生技术的开发利用都为人们的生活带来了极大的便利，也符合我国可持续发展战略的要求。同时，可再生技术的研究也是电工电子技术发展的重要推动力。如果利用可再生技术为电工电子技术提供电源等动力，必将是电工电子技术发展进程中的重大突破，将会为人们的生活和企业的生产带来更多的好处。

5. 提高电工电子技术人才培养质量

电工电子技术创新发展的实现，必须以兼具深厚专业功底与较强学习和实践能力的人才队伍作为有力支撑。为此，应重视提高电工电子技术人才培养质量，重视发展他们的综合素质，增进他们对于电工电子技术前沿发展的了解与掌握。同时注重在人才培养过程中实现理论教学与实践教学的有机结合，真正做到“产教融合”。在此方面，应重视加强电工电子技术应用企业与高校之间的合作，推动电工电子技术领域的科研与转化应用相结合。同时为学生提供更多的专业实践机会，推动他们在实践过程中形成对于电工电子技术的全面掌握。同时在这一过程中形成创新思维，不断优化实现电工电子技术与企业生产实践有机结合的方案，为电工电子技术发展培养后备力量。此外，应推动电工电子技术人才形成自主学习与创新实践意识，倡导他们主动应用业余实践展开创新探索，将他们的主体能动 性充分调动起来，有效实现电工电子技术创新发展。

总而言之，为有效满足信息化时代在电工电子技术方面提出的全新要求，必须提高对于电工电子技术发展的重视力度，准确把握电工电子技术在新时代所呈现出的精细化、智能化及可控化特征，正视目前在信息系统及管理工作方面上电工电子技术发展问题所存在的不足。通过采取合理制定电工电子技术发展规划、加强电工电子技术应用管理、加快可再生技术研发进程这些科学策略，有效实现电工电子技术在新时代的创新发展。

1.2 信息技术与电工电子技术

信息技术的飞速发展，几乎颠覆了人类传统的生活方式和工作方式。其中最为显著的代表就是多媒体的发展，不仅将工作内容能够以一种更加生动的形象彰显，更重要的是有助于更好地、更有效率地进行沟通、开展工作。本节就信息技术与电工电子技术有效融合研究进行展开论述。

1.2.1 我国信息技术的现状

随着我国电子商务的发展，将电子信息技术发展推向了高潮。信息技术的发展，是一个国家经济发展的重要组成部分。可以这么说，现如今的信息技术不仅推动了商业的发展，更重要的是促进了人类生活方式的进步。因其覆盖面相对来说是比较广泛的，并且在日常生活当中的应用相对来说更为广泛。无论是手机、电视、计算机还是其他的电子产品几乎都与信息技术息息相关。随着电子技术向着智能化、多媒体化发展以及人工智能、云计算的普遍运用，导致信息技术成为了人们生活当中必不可少的重要部分。在信息技术朝着集群化以及产业化发展等多元化的发展过程当中，其已经成为了社会经济发展过程当中的重要支柱之一。人们对于信息技术的要求也在逐步地提升当中，无论是对于性能方面还是实用性方面，对于信息技术的综合性以及全面性的要求相对来说是比较高的。

1.2.2 电工电子技术在生活当中的运用

伴随着科学技术的发展、进步，电工电子技术在整个社会发展过程当中起到了极其重要的作用，有效地促进了各行各业的发展。现如今的电工电子技术与我们的生活息息相关，无论是我们在生活当中所使用的发电也好，还是在军事国防上面都有它的身影。电工电子技术的有效发展，是可以较大程度上保障人民的生活以及促进国家科技力量的发展。目前的电工电子技术在生活当中的运用是十分广泛的，被运用到了生活当中的方方面面。在满足人类社会生产以及生活要求的同时，较大程度上促进了人类走向文明社会的步伐。随着社会经济的发展，电力成为了人们生活当中必不可少的要素。就电子技术在发电行业以及汽车行业当中所扮演的重要角色进行简单的阐述。电子技术在整个的电力系统的实际运用当中起到了极其重要的作用，对其复杂的发电机组当中所涉及的多种设备运行进行了有效的控制。电子技术在汽车行业当中的运用已经极为广泛。随着汽车电子化的发展，目前的汽车已经不再是简单的交通工具，更多代表的是现代科技的发展。汽车的安全性能在不断地提高当中，将更多的人性化以及智能化的先进技术融入到汽车的实际设计当中。电子技术的发展大大促进了汽车行业步入数字化时代的进程。社会在不断创新的道路上发展、前进，人类的现实需求也在不断地提升当中。因此在发展改革创新的道路上是需要将技术创新与市场需求进行相融合。在不断创新、不断整合的过程当中谋求新的出路，推动技术的发展。

1.2.3　信息技术与电工电子技术融合的必要性

电工电子技术与信息技术的应用整合是时代发展过程当中的必由之路，尤其是在智慧城市以及智慧交通等项目的推动之下，进行技术整合已经成为了社会技术发展的重要趋势。这两项技术作为现代高科技技术的代表，得到了社会各界的高度重视。同样这两项技术在人们生活当中的渗透力是极强的。

伴随着多元化的技术发展趋势，各行各业当中所涉及的各项技术的联系性将会更为紧密，而电子信息技术将会是其中的重要支撑。而信息技术的发展间接意味着网络化以及数字化的发展，意味着未来的生活以及工作所涉及的方方面面的有机结合，通过网络化的方式将生活当中的各个组成部分相联系。电子信息技术中数字技术的发展最为显著，数字技术是通信技术的核心。电子信息技术不仅满足了现阶段人们的高要求，还大大推动了相关技术的发展。传统的通信技术主要依据于光纤完成，而现阶段的软件技术巧妙地将通信技术与计算机技术进行了结合。日常使用的过程中更加便捷，信息传递的质量有了巨大的提升。信息技术融合电子技术是当今社会发展道路中极其重要的方向标之一，同时也是新技术革命当中的重要成果。这两项技术的潜在价值已经得到了各方认可，是推动整个社会进步的中坚力量。电子信息技术在未来的社会发展道路上将是非常重要的支撑力量，同时也是社会文明进步的显著代表。

1.3　电工电子技术在电力系统中的应用

随着生活水平的提升，电力系统的重要性在社会中日益凸显。计算机技术和电工电子技术在电力系统中被广泛应用，显著地提升了电力系统的利用率，并改进了以往存在的问题。本节将重点探讨电工电子技术在发电、输电和配电方面的具体应用。人们的生活随着社会进步得到了极大改善，但也造成了电力系统负荷的增加。随着信息技术的快速发展，电力系统开始应用电工电子技术和网络化技术，这使得电力系统的运行效率得到了极大提高，同时也推动着电力系统朝更智能化方向迈进。

1.3.1 电力系统未来的发展特点和方向

1. 发展特点

科技的进步让电力系统的发展日益显著，同时也让电工电子部件在使用的同时取得了飞跃的进步。这些变化让传统电工技术的不足得到改善，也为电力系统走上现代化道路奠定了基础，迎来了发展新阶段。电力系统的发展主要呈现以下几种特征：

（1）集成化：所谓集成化就是将多种元件、部件联合形成一个全控型的器件，也就是将所有区间集中在一起，达到节省设备空间和降低生产成本，这种特征是现代电工电子技术最突出的特征之一，能够明显区分出现代电子器件与传统的电子器件。

（2）高频化：高频化指的是在集成化的基础上提高部件的工作速度。有电工电子技术和网络技术的指导，生产的设备有运行速率较快和外观更美观以及性能更完善的特点。

（3）全控化：取代传统的电力系统，使用新的电力系统将普通的晶闸管进行更换。这是电力系统的一个突破性进步，能够优化系统的性能。

（4）高效化：通过科学方法有效降低损耗，加快器件开关，实现降压功能。传统的降压方式是通过减少部件为代价来实现，从而导致了设备功能降低。变换技术是通过提高区间的工作效率来降低损耗。

2. 发展方向

为了顺应时代发展的潮流，电工电子技术及网络化技术在电力系统中的应用需要根据社会发展现状完善相关体系并且要采取相应的改进措施。电工电子技术及网络化技术在电力系统中的应用是社会发展的产物，能够推动电力系统的正常运行，不仅为电力系统的发展奠定了基础，而且还提高了电能的利用率，最后实现了可持续发展。电力系统的机械化、网络化和智能化都通过应用电工电子技术及网络化技术得到了发展。电工电子技术及网络化技术是电力系统的重要技术，促进了电力系统的综合发展和技术进步。此种应用减少了传统机械设备的数量，所以能够提高电力系统的运行速度。此外在相关技术人员的努力改进下，不光提高了电力系统的利用率，使其高效运转，而且还实现了电力系统的自动化运行。同时，电工电子技术及网络化技术不仅让机器的运行趋向自动化，还能够提高部件的稳定性，也为电力系统未来的发展奠定了基础。

1.3.2 电工电子技术在电力系统中的具体应用

1. 在发电过程中的应用

电工电子技术在电力系统中的应用非常普遍。在电力系统的发电过程中，不同的发电设备起着重要的作用。应用电工电子技术及网络化技术到这些发电设备中，可以提高其工作效率，优化功能，更好地为电力系统提供服务。应用变频调速技术能够有效地改善风机水泵的性能。在以往的发电过程中，发电厂的用电率需要保持在 8%左右，而风机水泵的能耗占整个发电厂总量的 60%，能源消耗非常高，造成了很大的电能浪费。通过在风机水泵中应用变频调速技术，可以实现对其进行变频调速处理，从而实现节能减排的效果，在提高风机水泵性能方面具有非常积极的作用。

2. 输电环节的应用

输电环节是电力系统的一个非常重要的运行环节，我们着重关注输电过程的安全、节能等问题。充分利用电力电子技术对于传输过程的检测、自动化运行、智能、节能等方面有着非常重要的作用。当前，在电力传输过程可以采用直流输电形式，利用品闸变流设备进行输电，提高输电过程中的稳定性，充分保障技术工人的安全，这些都得益于电力电子技术的应用。直流输电技术适应的输电环境广泛，尤其是在环境恶劣的条件下也能进行电力输送。而对于柔性的交流输电方式，通常采用交流输电技术，利用它可以更好地对输电系统进行控制，柔性交流输电的核心是补偿技术，它能够改善性能，提高交流输电的运行效果。

3. 配电环节的应用

关注发展更要关注生态安全，政府在发展经济同时对企业的节能环保意识也提出了很高的标准要求，对于电网公司的要求就是要不断提高电力系统电能利用率。这就要求电网公司将电工电子技术和网络化技术充分应用于电力系统中，全力保障电力系统的安全稳定运行。我们通过运用电工电子技术对整个电力系统的电力资源进行合理规划和科学管理，确保电力系统全方位全过程能够保持安全稳定的运行状态。工频变压器在传统的电力系统配电设备中应用非常广泛，但是工频变压器因其较大的体积在使用过程中消耗大量电能造成电源供应效果较差，并且对生态环境造成一定污染。因此综合考量，当前已经广泛选用电工电子变压器替换原有的工频配电变压器，不仅能够提高能量转换效率，提高电能质量，也能够确保整个系统的安全稳定运行。

4. 环保环节的应用

当前电能的供应还依赖于火力发电，这种以化石原料为主要能源供给转化的方式对生态环境保护非常不利，严重破坏了珍贵的自然资源，火电厂对周围环境造成严重的污染。因此我们不断探寻可再生能源的发电方式，在电工电子技术及网络化技术的指导下不断改进电力系统，充分利用水力、太阳能、潮汐能、风能、生物能等可再生资源作为发电能源，不仅有效地节约了宝贵的化石能源，还保护了生态环境，维护了生态平衡，也有利于电力系统朝着清洁、环保、高效的方面不断发展。

随着社会对电力系统的智能、高质量的要求不断提高，以电工电子技术及网络化技术为核心的技术手段和技术设备受到了社会各界的广泛青睐。只有充分利用电工电子技术本，将其应用于电力系统中才能够更好地发挥电力系统的功能。从专业角度来看，这是一条可持续发展的道路，能够给电力系统带来更好的发展前景。

1.4 电工电子设备的三防技术

电工电子设备的三防技术指的是电工电子设备中的防霉技术、防潮技术和防盐雾技术。三防技术在电工电子设备中的使用可以有效减少其在使用过程中由于外部环境导致的内部变化以及损伤等现象，有效延长电工电子设备的使用寿命。

众所周知，电工电子设备在生产与制造、运输与服役过程中还会由于受到各种客观因素的影响，导致其出现潮湿、霉变以及霉菌等现象，进而对电工电子设备的使用性能带来较大影响。随着电工电子设备使用范围的不断扩大，三防技术已经成为电工电子设备中的一项综合性与系统性并存的工程。

1.4.1 三防技术体系研究

三防技术作为电工电子设备的重要支撑和根本保障，主要包括电工电子设备的结构设计、电工电子设备的系统设计以及电工电子设备的零件设计等方面的内容，贯穿着电工电子设备的整个使用阶段。

（1）电工电子设备的结构设计。按照电工电子设备的安装布局来看，电工电子设备应当远离腐蚀性的介质，其目的是防止不同电工电子设备之间腐蚀介质泄漏现象的出现。这就需要电工电子设备必须具备良好的排水和通风措施。

（2）电工电子设备的系统设计，对于电工电子设备容易腐蚀的部位应当设计成可更换的结构模式，以此来减少电工电子设备的积水和积尘现象产生。同时，还要缩小焊接和螺栓接连处形成的缝隙，避免和减少电工电子设备电偶腐蚀结构的形成。

（3）电工电子设备的零件设计。在电工电子设备的零件的设计过程中，要尽量减少尖角与孔洞的出现，要采取防应力腐蚀和疲劳腐蚀等的措施降低电工电子设备表面的粗糙程度。

1.4.2 电工电子设备的器件选型与材料选型

电工电子设备的器件选型。根据电工电子设备的三防要求，需要对其进行选型、涂覆以及灌封等方面的防护处理；对已经选型完成的电工电子设备进行三防实验，以此来筛选出合格的产品；严格控制电工电子设备的质量，强化电工电子设备的生产工艺流程。同时还要加强对电工电子设备在生产、供应以及运输过程中的常规性监管。

电工电子设备的材料选型。金属材料的选择。① 对于容易发生腐蚀和维护不便的电工电子设备，应当选择耐腐蚀性的材料，比如：铝合金、奥氏体不锈钢以及钛合金等；② 选择腐蚀性小的材料，这是因为在电工电子设备中使用的高强度的钢，其在电镀的过程中很容易出现“氢脆”的现象；③ 选择杂质含量低的金属材料，杂质含量低的金属材料会影响电工电子设备的抗应力腐蚀和均匀性腐蚀的能力，特别对于高强度的电工电子设备这一倾向尤为显著。非金属材料的选择。非金属材料的重要作用是提高电工电子设备的三防性能。此外，非金属材料还能有效预防虫鼠给电工电子设备造成的损伤。在通常情况下，常用的三防性能质量较好的非金属材料主要有聚碳酸酯、PC/ABS、有机玻璃等。

1.4.3 电工电子设备三防技术措施

1. 提升与优化三防工艺流程

从电工电子设备三防工艺的角度来说，优质的三防工艺流程可有效提高外部环境对电工电子设备侵蚀的抵御能力。在实际工作中，在处理电工电子设备的焊接缝时，需要注意消除内部应力。在具体的工作中可结合电工电子设备的实际情况采用喷砂工艺流程，进而保证电工电子设备表面的粗糙度可以符合相关的标准与要求。在一般情况下，电工电子设备表面的粗糙度应≤70 μm。而对于电工电子设备焊缝间隙的处理，则需要采用焊缝密封胶的方式缩小电工电子设备的焊缝，延长电工电子设备的使用周期和抗腐蚀的能力。在这一过程中可通过电镀、表面钝化等操作方式来实现。但需要注意的是，在对电工电子设备紧固件的拆装方面，必须要严格监督在施工过程中，应确保施工人员佩戴手套，以避免汗水对电工电子设备的侵蚀。此外，还需要调整电工电子设备的力矩，以避免对设备结构和镀层等方面造成破坏。在实施电工电子设备的三防技术措施时，还需要对电工电子设备的不同环节进行科学管理，比如工艺流程质量。为了确保电工电子设备的质量，需要采取以下管理措施：对各个环节进行有效监督，包括制造管理、材料采购管理和包装运输管理等。通过这些措施，可以消除设备中存在的质量风险和安全隐患，提高电工电子设备的质量水平。

2. 注重与加强三防运行维护

在电工电子设备的日常使用过程中，由于受到不同客观因素的影响，使得电工电子设备的镀层、性能会有所下降，甚至还会出现设备腐蚀的现象。为了减少和降低这一现象的产生，延长电工电子设备的使用寿命，需要结合其在实际使用过程中的情况注重与加强三防运行维护工作。具体可以从以下几个方面做起：对电工电子设备进行加固设计，减少其在薄弱环节问题的产生，提升其在使用过程中的冲击应力、疲劳极限值和工作效率；利用隔震缓冲设计，减少和降低过强的冲击应力给电工电子设备内部造成的损坏。通过对电工电子设备的加固和隔震缓冲设计提升其使用性能，延长使用寿命，发挥综合性能。

综上所述，电工电子设备在不断运行的过程中必须要合理应用三防技术。唯有如此，才能提升电工电子设备的运行效率，延长电工电子设备的使用年限，让电工电子设备在各行业领域中发光发热，促进经济与社会的不断发展。

1.5 CAI系统在电工电子教学中的应用

随着我国的经济发展，各大专业性的高等院校都会设立电工电子技术专业。电工电子技术是一门基础性的非电类学科，在现代的科学研究中起着必不可少的作用。但是电工电子专业的学习需要注重理论和实践，而目前的实践教学和理论教学都存在一定的不足。本节分析了CAI系统的概念和应用，希望能为电工电子专业的教学提供参考价值。高校对于新工科建设高度重视，各高校通过对照新工科“十二条”不断修改培养方案，更加重视电工电子实践课程，以期所培养的毕业生符合社会发展需求，以及满足企业对高质量、复合型人才的需求，高等院校及其高职院校必须提高相关专业的教学水平。电工电子专业是实践性强、基础性强的科类，在社会生产、科学研究等方面得到广泛应用。随着 CAI 系统的应用，电工电子教学变得更轻松、简洁、有效。然而，CAI 系统的实现和应用还存在一些不足之处，本节将分析相关因素和措施。

1.5.1 CAI 系统概念和电工电子的应用概念

1. CAI 系统概念

随着科技的发展，信息化的普及时代已经来临。信息化时代能够帮助人们完成许多烦琐而复杂的任务，其中之一就是利用信息化设备进行教学。而 CAI 系统，简单来说，就是计算机辅助教学。计算机辅助教学已经不再仅仅是传达概念和操作模型模拟运行，它更能够帮助学生理解其本意。通过运用多媒体、人工智能等技术，计算机辅助教学能够实现师生之间的教学讨论、概念的定义、来源分析以及教学课程的合理安排。通过计算机辅助教学，能够全面培养学生对专业知识和技术的理解和熟悉。

2. 电工电子的 CAI 系统应用概念

在传统的教学中有些方面很难口述或者用图文表达清楚，这直接导致学生的学习效果不够理想，比如设计电路排布、应用、线路规划等多个内容。将 CAI 系统应用到电工电子专业教学中，可以有效地完成电路的模拟排布和实际应用情况。学生通过实际观看可以有效地分析其作用原理，理解基础概念也更容易，同时也能减轻老师的教学压力。

1.5.2 电工电子 CAI 系统应用的优势

1. 减轻教师的教学压力

作为一门基础电学专业学科，电工电子专业对于理论知识和基础实践能力要求很高。传统的电工电子教学模式非常单一，教学过程中对于定义和概念的讲解往往难以理解。同时，教学过程中还存在复杂的教学环节，如实验和电路分析等，这些环节耗费了教师大量的精力和时间，而且实际的教学效果也不佳。然而，通过应用 CAI 系统，能够极大地减轻教师在教学过程中的压力。无需过多讲解基础和实践，只需进行引导、辅导，并进行讨论，就能够使学生的学习效果事半功倍。

2. 有效地提升学生的理解

在电工电子教学过程中，尤其是在电路排布和电路穿插等方面，学生需要具备足够的思维能力来进行想象和理解。因此，传统的教学模拟模式很难通过图文方式深入理解。然而，当采用 CAI 系统进行教学时，可以通过多媒体进行多种类型的实验模拟和判定，这对于学生的全面知识掌握具有很大的帮助作用。

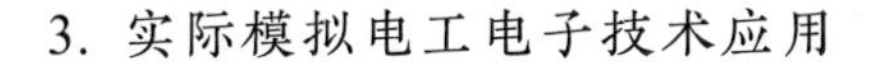

3. 实际模拟电工电子技术应用

CAI 系统是一种计算机教学系统，它包括人工智能、多媒体等技术。因此，在教学过程中，它能够有效地对复杂电路进行模拟运行。同时，学生也可以自主地组合安排电路的排布。在实际模拟中，学生可以从多个角度进行实践，比如将 A 电路和 B 电路结合，或者将 B 电路和 C 电路结合。这充分拓展了学生的常规思维，并加强了他们的实践思维能力，有助于学生更深刻地掌握知识。

4. 有效加强学生的实践

CAI 系统在电工电子领域的应用最为有效的地方就是进行电路的实践操作。传统的教学模式中虽然有实验操作教学，但是由于人为操作的局限性，往往存在疏漏和失误，导致实践结果不够标准，影响了教学效果。而 CAI 系统通过人工智能的支持，同一种电路可以通过不同的连接方式产生相同的效果，甚至可以轻松完成复杂电路的分析。在这个过程中，CAI 系统有效地增强了学生的实践能力，并加强了他们对基础概念的记忆。

现代新型科学产业的发展与电力有着密切的联系。同时，电力电工专业的教学发展为中国的科学研究打下了坚实的基础。

第2章 电工电子实训基础

2.1 安全用电常识

随着科学技术的迅猛发展，现代人类的日常生活和生产中，越来越多地使用品种繁多的家用电器和电气设备。可是在电能使用上存在着诸多安全隐患，经常造成人身触电伤亡或电气设备的损坏，甚至影响到电力系统的正常运行，造成大面积停电及电火灾等事故，使人民和国家财产遭受极大的损失。因此，必须十分注意安全用电，以确保人身、设备、电力系统的安全，防止事故发生。

2.1.1 触电与安全用电

1. 电流对人体的作用

接触了低压带电体或接近、接触了高压带电体称为触电。人体触电时，电流通过人体，就会产生伤害，按伤害程度不同划分为电击和电伤。

电击是电流对人体内部组织的伤害，是最危险的一种伤害，绝大多数(大约 85%以上)的触电死亡事故都是由电击造成的。

2. 安全电压

人体触电的伤害程度与通过人体的电流大小、频率、时间长短、触电部位以及触电者的生理素质等情况有关。通常低频电流对人体的伤害甚于高频电流，50 ~ 100 Hz 的电流对人体危害最为严重；而电流通过心脏和中枢神经系统则最为危险。当通过人体的电流在 1 mA 时，就会引起人的感觉，称为感知电流，如若到 50 mA 以上，就会有生命危险，而达 100 mA 时只要很短的时间就足以致命。触电时间越长，危害就越大。

安全电流是的指人体触电后最大的摆脱电流。我国规定为 30 mA（50 Hz），但是这是触电时间不超过 1 s 的电流值，因此，这安全电流值也称为 30 mA · s，研究表明 30 mA · s 对人体基本无损伤。

人体电阻通常在 1 ~ 100 kΩ，在潮湿及出汗的情况下会降至 800 Ω 左右。接触 36 V 以下电压时，通过人体电流一般不超过 50 mA，故我国规定安全电压的等级为 36 V、24 V、12 V、6 V。通常规定为 36 V 以下；但在潮湿及地面能导电的厂房，安全电压则定为 24 V；在潮湿、多导电尘埃、金属容器内等工作环境时，安全电压取为 6 V；而在环境不十分恶劣的条件下可取 12 V。

3. 常见触电方式

按照人体触及带电体的方式和电流流过人体的途径，电击可分为单相触电、两相触电和跨步电压触电，如图 2-1-1 ~ 图 2-1-4 所示。

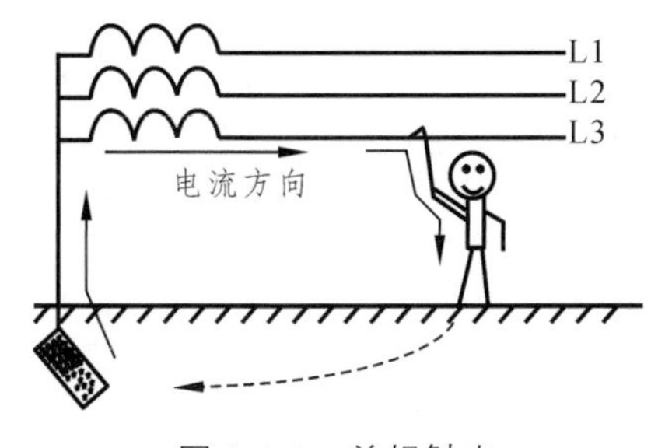

图 2-1-1　单相触电

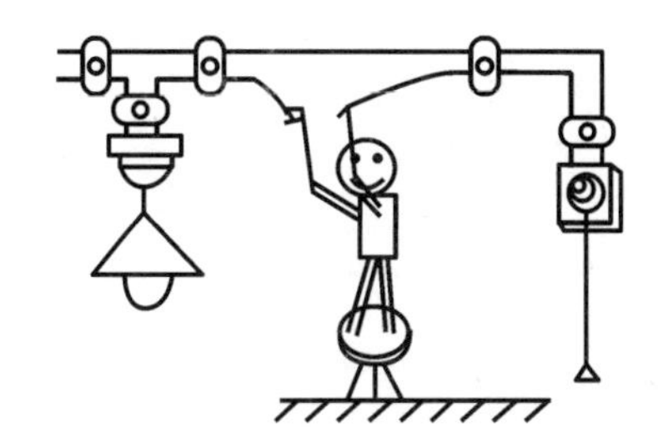

图 2-1-2　另一种形式的单相触电

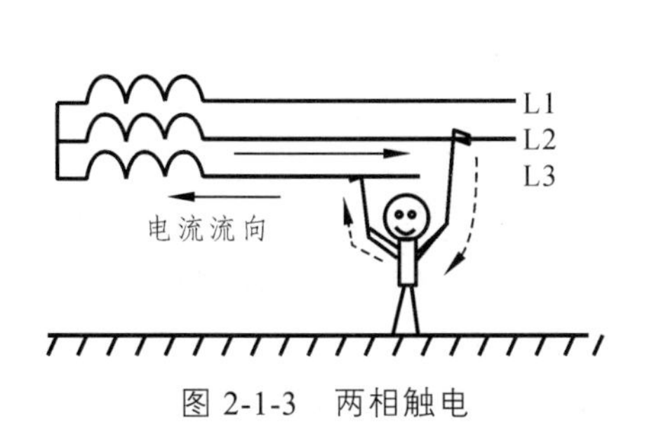

图 2-1-3　两相触电

电位分布线
高压线
触地点
触地点电位
跨步电压 ΔU
U

图 2-1-4　跨步电压触电

4. 常见触电原因

触电原因很多，一般是由于：

（1）违章作业、不遵守有关安全操作规程和电气设备安装及检修规程等规章制度。

（2）误接触裸露的带电导体。

（3）接触到因接地线断路而使金属外壳带电的电气设备。

（4）偶然性事故，如电线断落触及人体。

2.1.2　安全用电的措施

安全用电的基本方针是“安全第一，预防为主”。为使人身不受伤害，电气设备能正常运行，必须采取必要的各种安全措施，严格遵守电工基本操作规程，电气设备采用保护接地或保护接零等措施，防止因电气事故引起的人身伤害事故和火灾的发生。

1. 基本安全措施

（1）合理选用开关、导线和熔丝。各种导线和熔丝的额定电流值可以从电工守则中查得。在选用导线时应使其载流能力大于实际输电电流。开关和熔丝额定电流应与最大实际输电电流相符，熔丝切不可用导线或铜丝代替，并按表 2-1-1 规定根据电路选择导线的颜色。

表 2-1-1 特定导线的标记及规定

电路及导线名称		标记		颜色
		电源导线	电器段子	
交流三相电路	1 相	L1	U	黄色
	2 相	L2	V	绿色
	3 相	L3	W	红色
零线或中性线		N		淡蓝色
直流电路	正极	L+		棕色
	负极	L-		蓝色
	接地中间线	M		淡蓝色
接地线		E		黄和绿双色
保护接地线		PE		
保护接地线和中性线共用一线		PEN		
整个装置及设备的内部布线一般推荐				黑色

（2）正确安装和使用电气设备。认真阅读使用说明书，按规程使用安装电气设备。如严禁带电部分外露，注意保护绝缘层，防止绝缘电阻降低而产生漏电，按规定进行接地保护等。

（3）开关必须接相线。单相电器的开关应接在相线（俗称火线）上，切不可接在零线上，以便在开关断开状态下维修及更换电器，从而减少触电的可能。

（4）合理选择电器电压。在不同的电路环境下按规定选用相应的电器电压，如 380 V、220 V 以及机床照明灯具电压为 36 V，移动灯具等电源电压为 24 V，特殊环境下照明灯电压为 12 V 或 6 V。

（5）防止跨步电压触电。应远离断落地面的高压线 8 ~ 10 m，不得随意触摸高压电气设备。

2. 接地与接零保护

为保证人身和设备安全，电力设备宜保护接地或保护接零。实施保护接零应注意以下几点：

（1）中性点未接地的供电系统，绝不允许采用接零保护。因为此时接零不但不起任何保护作用，在电器发生漏电时，反而会使所有接在零线上的电气设备的金属外壳带电，而导致触电。

（2）单相电器的接零线不允许加接开关及熔断器等。否则万一零线断开或熔断器的熔丝熔断，其外壳也将存在相电压，造成触电危险。确需在零线上装设熔断器或开关的，只可用作工作零线，绝不允许再用于保护接零，保护零线必须在电网的零干线上直接引向电器的接零端。

（3）在同一供电系统中，不允许设备接地和接零并存。因此时若接地设备产生漏电，而漏电电流不足以切断电源，就会使电网中性线的电位升高，而接零电器的外壳与零线等电位，故人若触及接零电气设备的外壳，就会触电。

2.1.3　电气事故急救处理

1. 触电急救

发生触电事故现场人员应当机立断以最快的速度采用安全、正确的方法使触电者脱离电源，因为电流通过人体的时间越长，伤害就越重。但切不可用手直接去拉触电者，以防再触电。然后视临床表现对触电者进行现场急救。

（1）脱离电源有以下几种方法可据具体情况选择：

① 拉断电源开关或刀闸开关。

② 拔去电源插头或熔断器的插芯。

③ 用电工钳或有干燥木柄的斧子、铁锹等切断电源线。

④ 用干燥的木棒、竹竿、塑料杆、皮带等不导电的物品拉或挑开导线。

⑤ 救护者可戴绝缘手套或站在绝缘物上用手拉触电者脱离电源。

以上通常适用于脱离额定电压 500 V 以下的低压电源。若发生高压触电，应立即告知有关部门停电。紧急时可抛掷裸金属软导线，造成线路短路，迫使保护装置动作以切断电源。

（2）触电者脱离电源后，应立即进行现场紧急救护，触电者受伤不太严重时，应保持空气畅通，解开衣服以利呼吸，静卧休息，勿走动，同时请医生或送医院诊治。触电者失去知觉，呼吸和心跳不正常，甚至出现无呼吸、心脏停跳的假死现象时，应立即进行人工呼吸和胸外心脏挤压。此工作应做到医生来前不等待，送医院途中不中断，否则伤者可能会很快死亡。具体方法如下。

① 口对口人工呼吸法（适于无呼吸但有心跳的触电者）。病人仰卧平地上，鼻孔朝天头后仰。首先清理口鼻腔，然后松扣解衣裳。捏鼻吹气要适量，排气应让口鼻畅。吹 2 s 停 3 s，5 s 一次最恰当。

② 胸外挤压法（适于有呼吸但无心跳的触电者）。病人仰卧硬地上，松开领扣解衣裳。当胸放掌不鲁莽，中指应该对凹膛。掌根用力向下按，压下一寸至半寸。压力轻重要适当，过分用力会压伤。慢慢压下突然放，1 s 一次最恰当。

③ 对既无呼吸又无心跳的触电者应人工呼吸、胸外挤压并用。先吹气 2 次（约 5 s 内完成），再做胸外挤压 15 次（约 10 s 内完成），以后交替进行。

2. 电火警紧急处理

由于电气设备的绝缘老化、接头松动等因素，以及过载或短路原因致使导线发热，引燃周围的可燃物，造成电火灾。对易燃易爆场所应按规定等级选用防爆电气设备；保持良好通风以降低爆炸性混合物浓度。在能产生电火花和危险高温设备周围不应堆放易燃易爆物品。

一旦发生电火警必须按以下电气设备的灭火规则进行处理：

（1）立即切断电源。

（2）切断电源后可用水或普通灭火器（泡沫灭火器）等灭火。

（3）若必须带电灭火时，救火人员须穿绝缘鞋、戴绝缘手套并选用不导电的灭火剂（如二氧化碳、二氟二溴甲烷灭火器）或黄沙进行灭火。并且要注意保持与带电体之间的距离。

2.2 PCB 设计与打印技术

2.2.1 概　述

印刷电路板（PCB）是电子设备中最重要的组件之一，它承载着电子元件的连接、电源分配、信号传输等功能。因此，掌握 PCB 电路板的设计与制作技能对于当代大学生来说至关重要，是高校学生在整个大学生涯中不可或缺的专业技能，在大学生竞赛、毕业设计、创新创业实践等环节中发挥着巨大作用。本节将介绍一款国产优秀 EDA 软件，由嘉立创公司设计研发，操作简单、极易上手。下面带领读者们了解 PCB 电路板的基本原理、设计流程和制作方法，帮助大家快速入门并精通 PCB 电路板的设计与制作。

PCB 电路板主要由基板、导电层和绝缘层组成。基板是电路板的基材，导电层是用于传输电流的金属层，绝缘层则是用于隔离导电层的非金属层。PCB 电路板常用的材料有 FR4、CEM-1、铝基板等。不同材料的性能和应用场景各不相同，选择合适的材料可以满足电路板的不同需求。在设计环节中要考虑之后焊接元件的类型，即元件封装。元件封装是指将电子元件连接至电路板的封装形式。根据元件类型和连接方式的不同，有多种封装形式可供选择，如 DIP、SMD、BGA 等，在绘制 PCB 图的过程中，大部分常见的元器件封装都可以在常用库中找到，也可以在元件库中搜索，这里有很多用户自己设计的封装分享在库中供选用，但如果都没有想要的，也可以选择自己来画。

PCB 电路板设计流程包括明确电路板的功能、电路原理图、元器件尺寸、元件布局等环节。首先要根据设计需求选择合适的电路板材料，然后使用 EDA（电子设计自动化）软件绘制电路原理图，确定元器件之间的连接关系，然后在原理图的基础上转成 PCB 图。但这里的元件是乱序的，需要使用 PCB 设计软件进行布局设计，确定元件在电路板上的位置，再根据原理图和布局设计，使用 PCB 设计软件进行布线，确定导电层的走线以及连接方式。检查无误后将设计好的 PCB 文件转换为制造设备可接受的格式，如 Gerber 文件。

PCB 电路板的制作方式有多种，包括双面印刷法、减成法、加成法等。根据设计需求和制作条件选择合适的制作方法。制作 PCB 电路板的具体流程包括曝光、显影、蚀刻、去膜、阻焊等步骤。根据制作方式和设计需求的不同，制作流程会有所差异。制板后再根据丝印层的标识将电子元器件准确焊接至 PCB 电路板上，此过程要着重考虑元器件的极性，避免焊接错误，最后进行调试和测试，确保电路板实现既定设计功能。

2.2.2 基于立创 EDA 软件的 PCB 设计

立创 EDA 是一款功能强大的免费电路设计和 PCB 布局软件，它为用户提供了从电路原理图设计到 PCB 布局布线的完整解决方案。本节将介绍如何使用立创 EDA 软件进行 PCB 设计，帮助读者快速入门并精通。

该款软件分为网页版和装机版两个版本，这里建议选择下载相应的装机版本使用。第一步先从立创 EDA 官网下载最新版本的软件，根据电脑操作系统选择合适的版本进行安装。打开立创 EDA 软件后，会看到以下界面：菜单栏、工具栏、项目浏览器、原理图编辑器、PCB 编辑器等。建议注册一个账号，以后的设计项目就可以保存在云端，以便在任何一台联网的计算机上查看之前的设计，也方便多人协作完成一个任务。开始项目前，在立创 EDA 软件中先创建一个新项目，即在项目浏览器中，点击“新建”按钮，选择“PCB 项目”。在原理图编辑器中，根据电路设计需求，绘制出电路原理图。通过拖拽元件符号和连接线来构建出电路原理。具体操作如下：首先在 PCB 项目中点击“添加元件”按钮，从元件库中选择所需元件添加到项目中。这一环节中，要注意元件的封装、元件的具体型号，充分考虑后续 PCB 板的排列和焊接组装。部分常见元器件都可以从常用库中找到，非常用器件可以在元件库中搜索，这里有其他用户自行绘制的元器件封装，可以选择合适的版本添加到图纸中，如都不符合可以自行绘制所需元件的封装。在使用立创 EDA 软件进行 PCB 设计时，熟悉元件库是非常重要的，了解不同元件的封装形式、规格参数和连接方式有助于更好地进行布局和布线设计。

完成电路图绘制并进行网络检测后，点击原理图转 PCB 图，然后进行 PCB 图设计，在这里根据原理图设计和实际制造需求，对元件进行布局。可以通过调整元件位置、方向和角度来优化布局。在布局设计中，应考虑电路性能、电源分配、信号传输等因素。合理安排元件位置和方向有助于提高电路性能和降低生产成本。

在 PCB 编辑器中，根据电路功能和信号完整性要求，对导电层进行布线设计，可以通过选择导线类型、宽度和路径来满足电流、电阻和信号传输需求。在满足需求的同时应根据电路功能和信号完整性的要求，合理设置布线规则。规则的设置既要保证电流传输的稳定性，又要考虑制造成本和美观性。在完成 PCB 布局和布线设计后，首先进行 DRC 检查（设计规则检查），它可以帮助设计者检查设计是否符合制造要求，根据 DRC 检查结果，对设计进行优化调整。DRC 检查是确保 PCB 设计符合制造要求的重要环节，因此，在导出制造文件之前，一定要仔细检查 DRC 检查的结果，确保没有违反规则的情况发生。布线完成后，可以通过软件中的 2D、3D 图查看最后成品效果如图 2-2-1、图 2-2-2 所示。

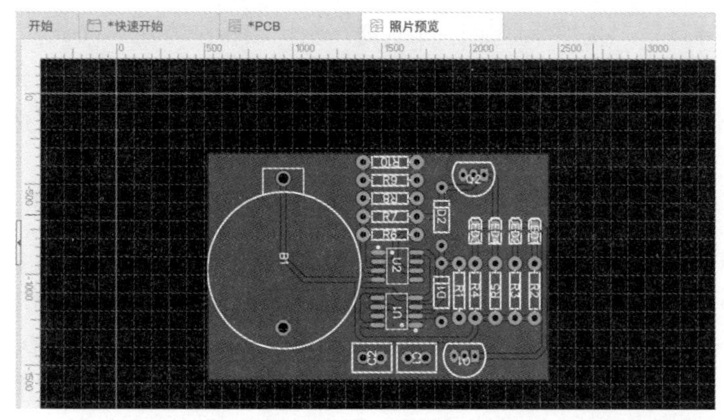

图 2-2-1　2D 效果

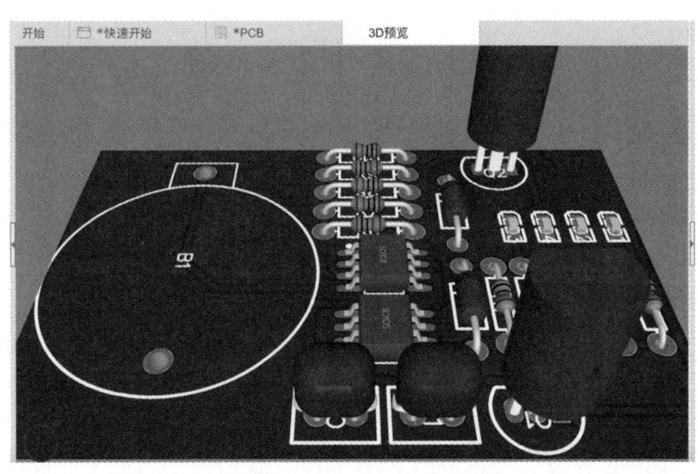

图 2-2-2　3D 效果

最后在确认 PCB 设计无误后，就可以导出制造文件了，如 Gerber 文件和 ODB++文件等，在制板机进行加工生产。

立创 EDA 软件提供了丰富的模板资源，包括电路原理图模板、PCB 布局模板和布线模板等。善于使用模板可以大大提高设计效率和质量。若想提高设计效率，就要熟悉并掌握立创 EDA 软件的快捷键操作，建议初学者在掌握设计流程后，熟悉常用命令的快捷键操作方式。学习 PCB 设计需要不断实践和总结经验，尝试设计不同类型的电路板可以帮助设计者提升设计技能，同时，也需要关注行业动态和技术发展，及时学习新知识也是非常重要的。

2.2.3　PCB 制板工艺

当下 PCB 的制版方式主要有插孔法、布线法、激光法、沉积法四种。插孔法是一种较老的 PCB 板制作方法，通过在基板上铺设纸胶带，然后人工打孔的方式制作 PCB 板。由于制作过程烦琐、效率低下，现在基本已经被淘汰。布线法是目前 PCB 板制作的主流工艺。在铺设电路图的基础上，经过“阳极氧化”后，在电路板表面形成致密的氧化保护层。再通过机械化的刮水、洗涤、填充等一系列工艺制作导电线路和焊盘。激光法是近年来发展起来的一种 PCB 板制作方法。该方法可以利用激光光束直接在基板上形成线路，也可以在铜膜上或镀层上用激光打开“窗口”，在裸露区域进行蚀刻。相比较传统方法，激光法具有加工精度高、操作简便、成本低等优点。沉积法是通过化学反应将铜化合物还原成铜，再沉积在基板上形成线路，是一种相对较为复杂的制作方法。由于沉积法的成本较高，所以适用于一些特殊的 PCB 板制作需求。

PCB 制版工艺主要包括以下九个步骤环节。第一步是开料，即将原始的覆铜板切割成能在生产线上制作的板子。第二步是钻孔，也就是在 PCB 板上钻孔，以便进行后续的工艺。第三步是沉铜，钻孔后的 PCB 板要在沉铜缸内发生氧化还原反应，形成铜层对孔进行孔金属化，使原来绝缘的基材表面沉积上铜，达到层间电性相通。第四步是压膜，即在 PCB 板上面压上一层蓝色的干膜，干膜是一个载体，在电路工序中很重要。曝光：把底片和压好干膜的基板对位，在曝光机上利用紫外光的照射，把底片图形转移到感光干膜上。第五步是显影，利用显影液的弱碱性把还没有曝光的干膜或者湿膜溶解冲洗掉，保留已曝光的部分。第六步是电铜，将 PCB 板放进电铜设备里，有铜的部分被电上了铜，被干膜挡住的部分则没有反应。第七步是电锡，这一步的主要目的是去掉那部分被干膜保护的铜做准备工作。第八步是退膜，将保护铜面的已曝光的干膜用氢氧化钠溶液剥掉，露出线路图形。最后一个步骤是蚀刻，还没曝光的干膜或湿膜被显影液去掉后会露出铜面，用酸性氯化铜将这部分露出的铜面溶解腐蚀掉，得到所需的线路。

2.3　电子元器件基础知识

随着科技的飞速发展，电子元器件在我们的日常生活和工作中发挥着越来越重要的作用。然而，对于初学者来说，正确识别和区分这些元器件可能是一项挑战。在焊接电路板的过程中张冠李戴的现象时有发生，极性焊反、参数弄错也经常出现。电子元器件包含了电路的最基础知识，本节仅对常用的元器件进行简单介绍，在实际用到的器件可自行查找相关参数等信息。

2.3.1　电阻器

电阻器又名“电阻”，在电路中占比最高，在电路图中的符号为“R”。在电子系统中利用其消耗电能的特点，主要用于限流、起降压、分压等方面，阻值的国际单位为欧姆（Ω），常用单位还有更大的，比如千欧（kΩ）、兆欧（MΩ）。在电路结构中电阻的品种繁多，分为固定电阻、可变电阻及特种电阻。

1. 电阻器的命名方法

根据标准（SJ-73）规定，电阻器与电位器名称由四部分构成，分别为主称、材料、分类特征及序号，具体如表 2-3-1 所示。

表 2-3-1　电阻器的型号命名法

第一部分		第二部分		第三部分		第四部分
用字母表示主称		用字母表示材料		用数字或字母表示特征		序号
符号	意义	符号	意义	符号	意义	
R	电阻器	T	碳膜	1	普通	
		P	金属膜	2	普通	
		U	合成膜	3	超高频	
		C	沉积膜	4	高阻	
		H	合成膜	5	高温	
		I	玻璃釉膜	7	精密	
		J	金属膜	8	电位器-特殊函数、电阻器-高压	

续表

第一部分		第二部分		第三部分		第四部分
用字母表示主称		用字母表示材料		用数字或字母表示特征		序号
符号	意义	符号	意义	符号	意义	
RP	电位器	Y	氧化膜	9	特殊	
		S	有机实芯	G	高功率	
		N	无机实芯	T	可调	
		X	线绕	X	小型	
		R	热敏	L	测量用	
		G	光敏	W	微调	
		M	压敏	D	多圈	

电阻的主要参数有标称阻值、允许偏差、额定功率、温度系数，在制作电路时应根据需要来选用。

2. 电阻的标识方法

电阻的标识方法有直标法、色标法、文字符号法等几种。

1）直标法

直接在外形较大的电阻外表面标注出参数及电阻误差，如图 2-3-1 所示。

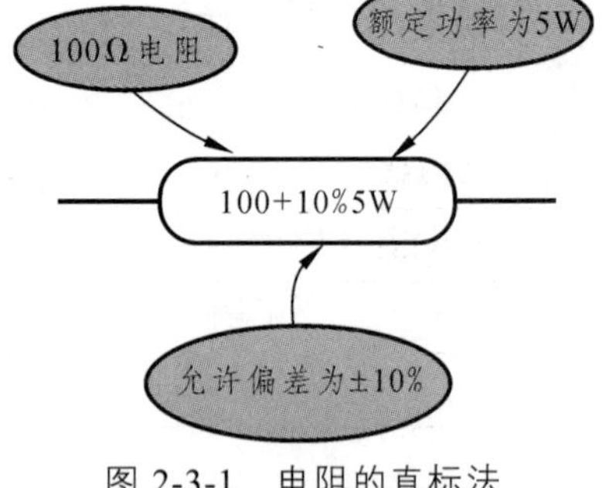

图 2-3-1　电阻的直标法

2）色标法

色标法色环标注发，用不同颜色的色环标注在电阻的外表面，不同颜色代表不同的数值（具体见表 2-3-2），通常普通电阻用四条色环来标注，而精密电阻则用五条色环来标注。

普通电阻阻值识别：前两条色环组成阻值的两位有效数字，即 ab，第三条色环则表示在 ab 后面加 0 的个数；最后一条色环用来表示电阻的误差。

精密电阻阻值识别：前三条色环表示三位有效数字，即 abc，第四条色环表示在 abc 后面加 0 的个数；最后一条色环用来表示电阻的误差。

表 2-3-2　色环对应的数值

颜色	黑	棕	红	橙	黄	绿	蓝	紫	灰	白	金	银	无色
有效数	0	1	2	3	4	5	6	7	8	9			
倍乘	100	101	102	103	104	105	106	107	108	109			
偏差（±%）		1	2			0.5	0.25	0.1			5	10	20

示例：色环电阻示意如图 2-3-2 所示，对照表 2-3-2 可知该电阻器第一道、第二道环分别为棕色和黑色，即有效数为 10；第三道环为橙，即倍乘为 10^3；第四道环为银，即允许偏差对应 10%，则该电阻标称阻值为 10 kΩ ± 10%。五道环电阻值的读法类似。

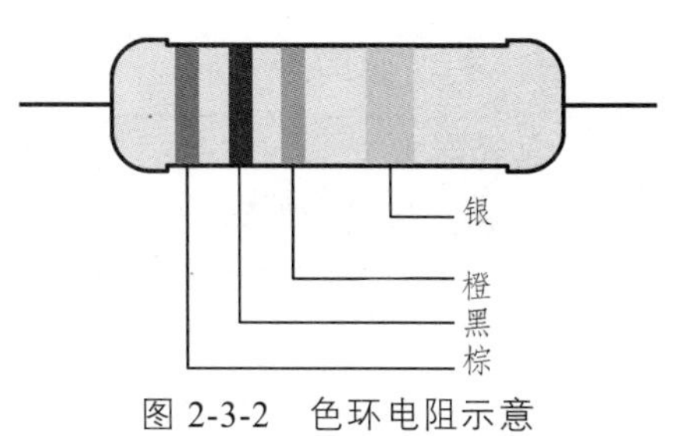

图 2-3-2　色环电阻示意

3）文字符号法

本方法是利用数字和字母依照规则排列起来，标注电阻器的参数，示例如表 2-3-3 所示。

表 2-3-3　文字符号法示例

电阻值	字母数字混标法	电阻值	字母数字混标法
0.1 Ω	R10	6.8 MΩ	6M8
0.59 Ω	R59	68 MΩ	68M
1 Ω	1R0	270 MΩ	270M
5.9 Ω	5R9	1 000 MΩ	1G
330 Ω	330R	3 300 MΩ	3G3
1 kΩ	1 k	59 000 MΩ	59G
5.9 kΩ	5 k9	105 MΩ	100G
68 kΩ	68 k	106 MΩ	1T
590 kΩ	590 k	3.3×106 MΩ	3T3
1 MΩ	1M	6.8×106 MΩ	6T8
3.3 MΩ	3M3	6.9×106 MΩ	6T9

2.3.2　电容器

电容器简称“电容”，是一种储能元件，常用字母“C”表示，具有“通交流，隔直流”的特性，在电路中用于调谐、滤波、耦合、旁路、能量转换等作用。图 2-3-3 所示为常见电容器实物图。电容的国际单位是法拉（F）。但我们都知道，法拉这个单位太大了，因此常用微法（μF）、纳法（nF）、皮法（pF）等。换算关系：$1\ \text{F} = 10^6\ \mu\text{F} = 10^9\ \text{nF} = 10^{12}\ \text{pF}$。

图 2-3-3　常见电容器实物

1. 电容器的分类

电容器根据结构共有固定电容器、半可变电容器、可变电容器三种类型。但最为常见的是电解电容及瓷片电容。

2. 电容器的命名方法

根据（SJ-73）标准规定，电容器命名共分为主称、材料、分类特征、序号四个部分。四部分符号和意义如表 2-3-4 所示。

表 2-3-4　电容器型号命名法

第一部分		第二部分		第三部分		第四部分
主称		材料		特征		序号
符号	意义	符号	意义	符号	意义	用字母和数字表示
C	电容器	C	高频瓷	T	铁电	
		T	低频瓷	W	微调	
		I	玻璃釉	J	金属化	
		Y	云母	X	小型	
		V	云母纸	D	低压	
		Z	纸介	M	密封	
		J	金属化纸	Y	高压	
		B	聚苯乙烯等非极性有机薄膜	C	穿心式	
		L	涤纶等极性有机薄膜	S	独石	
		Q	漆膜			
		H	纸膜复合			
		D	铝电解			
		A	钽电解			
		G	金属电解			
		N	铌电解			
		E	其他材料电解			
		0	玻璃膜			

3. 电容器的主要参数

电容器主要参数有三个方面，分别为标称容量、额定耐压值及允许误差。

（1）标称容量。表征电容器存储电荷本领大小，即单位电压下电容器的存储的电荷量，通常标在电容外表面。

（2）额定耐压值为电容器的最高耐压值。通常电容额定电压应高于实际工作电压的 10%～20%。若电容工作在交流电路中，其最大值不能超过额定的直流工作电压。

（3）允许误差。电容的容量误差分为三级，即：±5%、±10%、±20%，或标注为Ⅰ级、Ⅱ级、Ⅲ级。

4. 电容器的标注方法

电容器的标注方法主要有直标法、色标法、文字符号法、数码法几种。

（1）直标法。在电容器外表面上直接标出标称容量及允许偏差。不标单位时，分为两种情况，整数表示时，单位为 pF，小数表示时，单位为 μF。图 2-3-4 所示为直标法电容。

（2）色标法。前两个色环表示有效值，第三环表示后面 0 的个数。类似于电阻的色环标注法，其单位为 pF。

（3）文字符号法。用单位的开头字母（p、n、μ、m、F）来表示单位，允许偏差和电阻的表示方法相同。如 p2 为 0.2 pF，2 p8 为 2.8 pF，3 m6 为 3 600 μF 等。

（4）数码法。用三位数来标识其容量，然后再用一个字母表示允许偏差。前两位数是表示有效值，最后一位为 0 的个数。非电解电容器，其单位为 pF，而对电解电容器而言单位为 μF。图 2-3-5 所示 182J 为 1 800 pF，偏差 ± 5%。

图 2-3-4　直标法电容

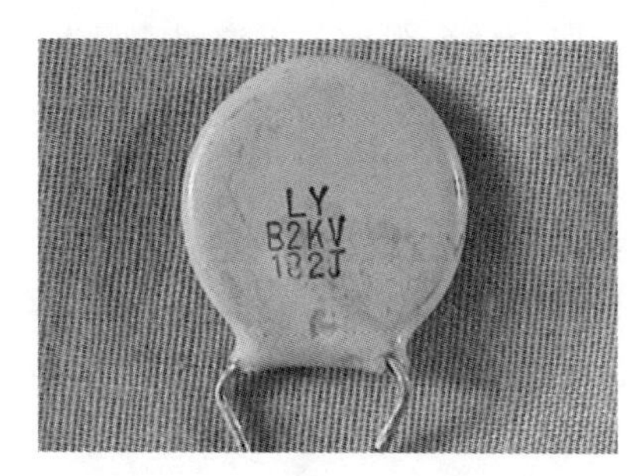

图 2-3-5　数码法电容实例

2.3.3　电感器

电感作为非线性元件，能够储存磁能。利用流过电感的电流不能发生突变这一特点，当直流电通过电感时电感阻抗几乎为零，对于变化电流电感表现为高阻抗，感抗 $X_L = 2\pi fL$。因此电感器在电路中的作用为：LC 振荡器、LC 滤波器、扼流圈、变压器、继电器、交流负载、调谐、补偿、偏转等。

1. 电感器分类

电感按照自感、互感两个应用场景分为自感线圈和变压器。图 2-3-6 所示为电感器的实物。

图 2-3-6　常见电感器实物

2. 电感器的命名

电感器的命名主称（L 为线圈，ZL 为限流圈）、特征（G 为高频）、型式（X 为小型）、区别代号四个部分组成。可通过查阅相关手册识别。

3. 电感器的标注方法

电感器共有四种标注方法，分别为直标法、色标法、数码法、文字符号法。

（1）直标法。直接将参数标注在电感器外表面上，同时将误差也一同标注。

（2）色标法。该种方式同电阻的色环标注方式相似。一般多为四个色环，色环电感中前两个色环组成两位有效数值,第三条则代表后面 0 的个数,最后一个色环表示误差,如图 2-3-7 所示。

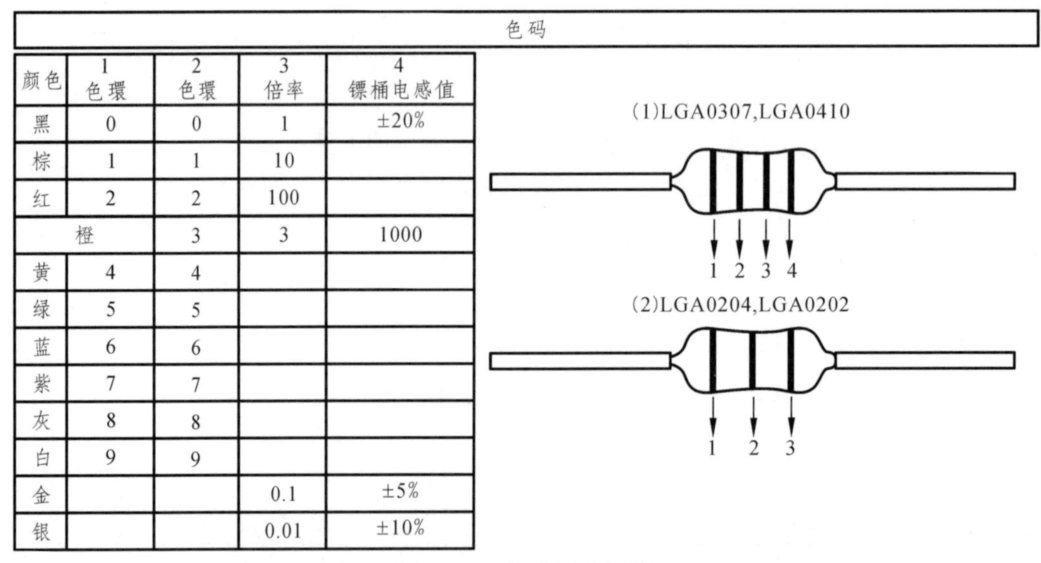

色码

颜色	1 色環	2 色環	3 倍率	4 镖桶电感值
黑	0	0	1	±20%
棕	1	1	10	
红	2	2	100	
橙		3	3	1000
黄	4	4		
绿	5	5		
蓝	6	6		
紫	7	7		
灰	8	8		
白	9	9		
金			0.1	±5%
银			0.01	±10%

图 2-3-7　电感器色标法

（3）数码法。电感的数码标示法也同电阻器的类似，前两位数依然为有效数，第三位则表示倍数，单位为 μH。如 561 表示 560 μH。

（4）文字符号法。直接用文字符号来表示电感的参数，当单位是 μH 时用“R”作为电感的文字符号，其他与电阻器相同。

2.3.4 二极管

二极管的最主要的特性便是其具有单向导电性，两端加正向电压时，电阻非常小；而在其两端加上反向电压时，则表现电阻非常大甚至是绝缘不导通。基于上述特点通常把二极管应用在稳压、隔离、整流、编码控制、极性保护、静噪和调频调制等电路中。

1. 二极管分类

锗、硅是半导体的主要材料，二极管按照材料可分为Ge管和Si管。二极管按用途可分为稳压二极管、检波二极管、开关二极管、整流二极管、发光二极管等。二极管可以用塑料、玻璃、金属等材料进行封装。二极管在使用过程中要注意其极性，通常会标识在其外表面。

2. 半导体命名

半导体命名分为电极数目、材料、类型，其中第一、二、三部分如表2-3-5所示，第四部分用数字表示器件序号。例如，2BZ9："2"表示二极管，"B"表示P型，锗材料，"Z"表示整流管，"9"表示序号；再如，3EK8："3"表示三极管，"E"表示化合物，"K"表示开关管，"8"表示序号。

表2-3-5 我国半导体分立器件型号命名法第一、二、三部分的意义

第一部分		第二部分		第三部分			
用数字表示器件的电极数目		用字母表示器件的材料和极性		用汉语拼音字母表示器件的类型			
符号	意义	符号	意义	符号	意义	符号	意义
2	二极管	A	N型，锗材料	P	普通管	S	隧道管
		B	P型，锗材料	Z	整流管	U	光电管
		C	N型，硅材料	L	整流堆	N	阻尼管
		D	P型，硅材料	W	稳压管	Y	体效应管
		E	化合物	K	开关管	EF	发光管
3	三极管	A	PNP型，锗材料	X	低频小功率管	T	晶闸管
		B	NPN型，锗材料	D	低频大功率管	V	微波管
		C	PNP型，硅材料	G	高频小功率管	B	雪崩管
		D	NPN型，硅材料	A	高频大功率管	J	阶跃恢复管
		E	化合物	K	开关管	U	光电管
				CS	场效应管	BT	特殊器件
				FH	复合管	JG	光电器件

3. 二极管的识别方法

二极管的N极（负极）可通过二极管外表面一圈不同颜色的色圈来辨识，如图2-3-8所示。当然二极管也可以用字母"P""N"来确定二极管极性的，还可以通过两个引脚的长短来识别，长脚为正，短脚为负。

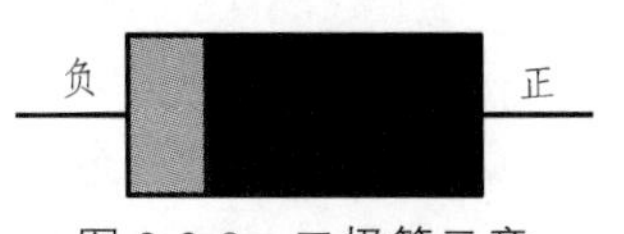

图2-3-8 二极管示意

4. 普通二极管的检测

二极管的好坏可通过万用表来检测，利用二极管的单项导电性，将万用表调至欧姆挡位，测量其正向电阻和反向电阻。若两次电阻值示数差别很大，则说明二极管性能良好；若两次阻值示数差别不大，则说明该二极管不能使用；若两次示数都接近零，表明二极管被击穿了；若两次示数都非常大，表明二极管内部已经断路了。

2.3.5 三极管

三极管共有双极型、场效应管两种类型。其中场效应管常应用于集成电路中，双极型三极管（BJT）则主要是用于控制电流的半导体器件，比如应用其对微弱信号进行放大和作无触点开关。

1. 三极管分类

三极管符号如图 2-3-9 所示，分为高频管和低频管，小功率管和中功率管、大功率管，按材料又分为硅管和锗管，按结构分则有 PNP 型三极管和 NPN 型三极管，按照封装方式不同又可分为 DIP、SMD 等。

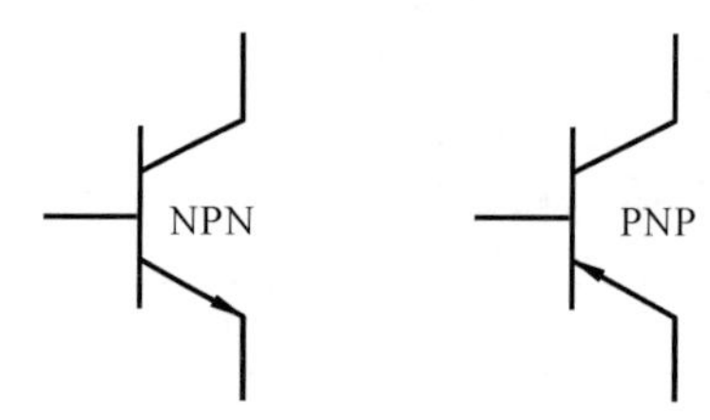

图 2-3-9 BJT 三极管符号

2. 双极型三极管的主要参数

双极型三极管的参数有很多，包括直流参数、交流参数 β、集电极最大电流 I_{CM}、最大反向电压 U_{CEO} 和最大允许功耗 P_{CM} 等。

3. 三极管的判别与选用

1）极性与放大倍数的辨识办法

首先可通过观察三极管外表面的色点颜色，再通过查询表 2-3-6 来得出 β 值。一般外表面还可以标识其符号和类型。

表 2-3-6 色标表示 β 范围

色标	棕	红	橙	黄	绿	蓝	紫	灰	白	黑
β	0 ~ 15	12 ~ 25	25 ~ 40	40 ~ 55	55 ~ 80	80 ~ 120	12 ~ 180	180 ~ 270	270 ~ 400	400 以上

小功率三极管有金属及塑料两种外壳。当金属外壳的三极管管壳上带有定位销的，管底朝上，从定位销位置按照顺时针方向，三根电极依次为发射极 e、基极 b、集电极 c；但管壳

上没有定位销的，且三根电极在半圆内的，则将半圆置于上方，按顺时针方向，三极电极依次为发射极 e、基极 b、集电极 c，如图 2-3-10（a）所示。当三极管是塑料外壳封装的，则目视平面，三根电极在其下方，自左至右三根电极依次为发射极 e、基极 b、集电极 c，如图 2-3-10（b）所示。

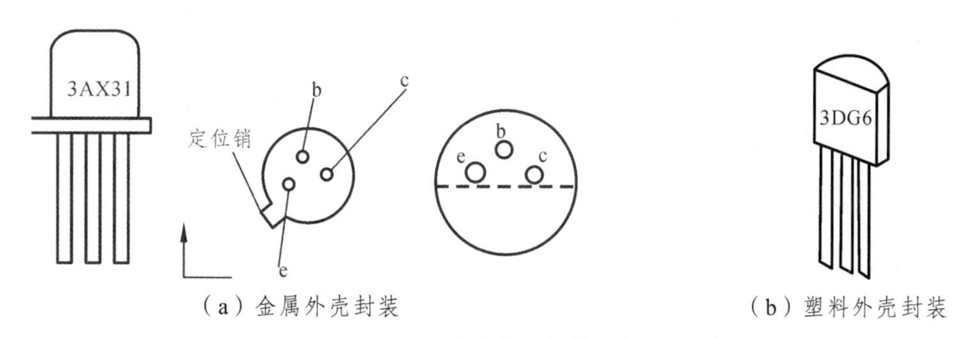

（a）金属外壳封装　　（b）塑料外壳封装

图 2-3-10　小功率三极管电极的识别

大功率三极管的外形有 F 型和 G 型，如图 2-3-11 所示。图（a）为 F 型管，底部标有两个电极，面向底座有两个电极放置在左侧，上面为 e 发射极，下面则为 b 基极，底座是 c 集电极。图（b）为 G 型管，底座则有三根电极，面向管底座，左侧单独一列的为 b 基极，右侧一列由上至下分别为 c 集电极和 e 发射极。

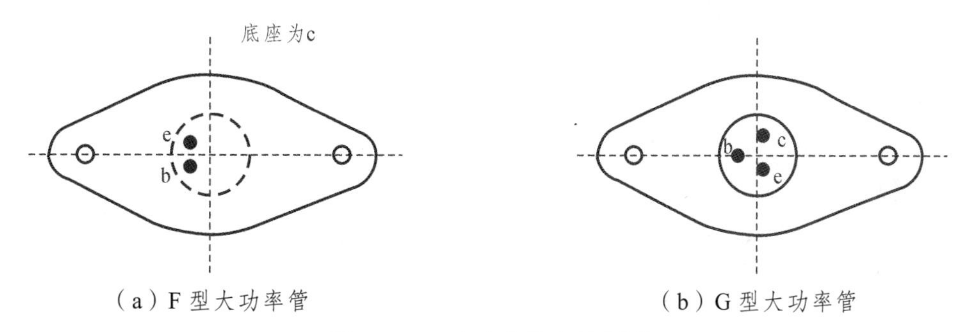

（a）F 型大功率管　　（b）G 型大功率管

图 2-3-11　大功率管电极识别

2）三极管的检测方法

在使用三极管时，每个引脚的极性必须明确清楚，以免损坏元件或是不能工作。通常使用万用表来检测，首先把万用表欧姆挡置于 ×100 或 ×lk 挡，随便将三极管的某个极当作是基极，然后将黑表笔接在这个极上，再将红表笔依次接到另外两个电极上，若两次测得的阻值都很大（或都很小），交换红黑表笔再测得两个电阻值都很小（或都很大），则可以确定假设的基极是正确的。如果两次测得的电阻值是一小一大，则刚刚的假设是错误的，应重新假设一个基极，再重复上面测试。基极明确后，将黑表笔接在基极上，再将红表笔分别接其他两极上，若所测电阻都很大，则该三极管即为 PNP 型管；反之，则为 NPN 型管。第二步判别发射极 e 和集电极 c。以 NPN 型管为例，首先将红表笔接在假设的 e 极上，黑表笔接到假设的 c 极上，测试者用拇指和食指接触 b 和 c 极，这样等同于在 b、c 之间接了一个偏置电阻。读出后用表所示 c、e 间的电阻值，然后将红、黑两表笔对换再测一次，若第二次阻值比第一次大，则表明原假设成立，也就是说红表笔接的是发射极 e，黑表笔接的是集电极 c。因为 c、e 间电阻值小正说明通过万用表的电流大，偏值正常，如图 2-3-12 所示。

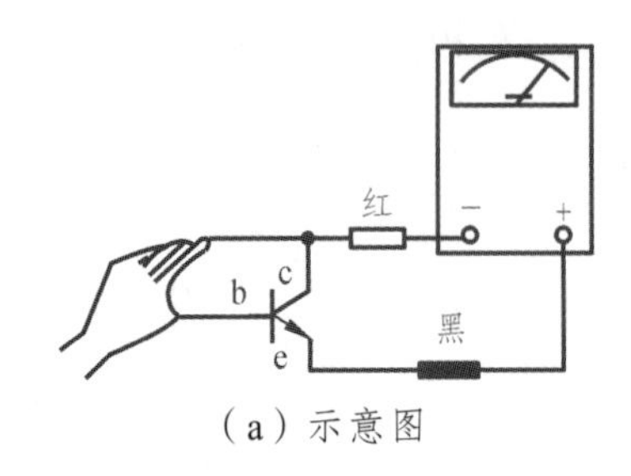

（a）示意图

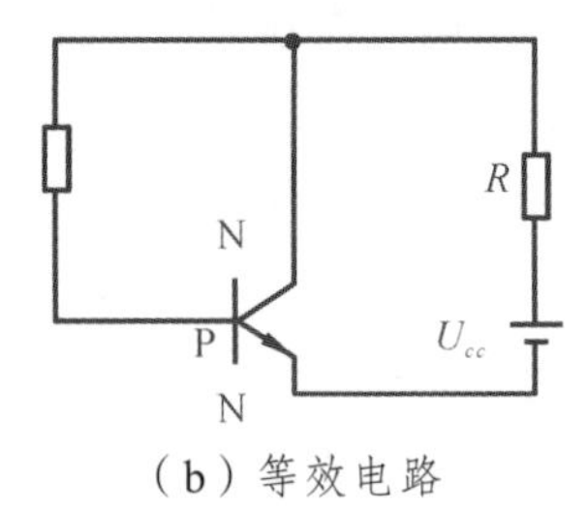

（b）等效电路

图 2-3-12　判别三极管 c、e 电极的原理

2.3.6　集成电路

集成电路（Integrated Circuit，IC），是一种微型电子器件或部件，采用一定的工艺将一个电路中所需的晶体管、电阻、电容和电感等元件及布线互连一起，制作在一小块或几小块半导体晶片或介质基片上，然后封装在一个管壳内，成为具有所需电路功能的微型结构。其中所有元件在结构上已组成一个整体，使电子元件向着微小型化、低功耗、智能化和高可靠性方面迈进了一大步。集成电路发明者为杰克·基尔比[基于锗（Ge）的集成电路]和罗伯特·诺伊斯[基于硅（Si）的集成电路]。

1. 集成电路分类

集成电路按其功能可划分为模拟集成电路和数字集成电路。模拟集成电路主要有运算放大器、集成稳压电路、功率放大器、信号处理集成电路和自动控制集成电路等。数字集成电路按结构不同可分为双极型和单极型电路。双极型电路有 DTL、TTL、ECL、HTL 等；单极型电路有 JFET、NMOS、PMOS、CMOS 四种。

2. 集成电路的引脚排列

集成电路的引脚次序是按照一定的规律排列的，从上向下看，从左下脚按逆时针方向读数，通常第一脚附近标有凹槽、色点等参考标志。

集成电路的引脚识别：集成电路的封装形式多种多样，因此引脚的排列也各不相同,但无论是模拟集成电路还是数字集成电路，不同的封装都有各自的排列规律，并且这些引脚排列以及引脚功能说明均能在相应的器件说明文件中查到，因此这里只讲述实验中最常用到的双列直插式封装的引脚排列，其实物如图 2-3-13 所示。

图 2-3-13　双列直插式集成电路

双列直插集成电路的引脚排列示意如图 2-3-14 所示，其定位标志一般为缺口、凹坑、色点、小孔、或凸起键等。识别时面对集成电路印有商标的正面，并使其定位标志位于左侧，则集成电路左下方为第 1 脚，从第 1 脚向右逆时针依次为 2 脚、3 脚、4 脚……。

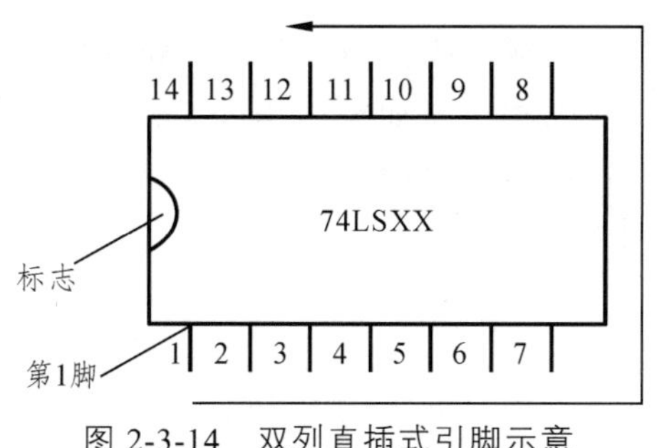

图 2-3-14　双列直插式引脚示意

2.4　常用电工工具及其使用

2.4.1　验电器

验电器有低压和高压两种类型，检验线路、设备是否带电的一种常用工具，低压验电器的检验电压范围是 60 ~ 500 V，又称验电笔，有螺钉旋具和笔式两种，它由氖管、高电阻、弹簧和笔身等组成，如图 2-4-1 所示。验电笔中的电阻大大限制了流过人体中的电流，防止发生触电伤害。

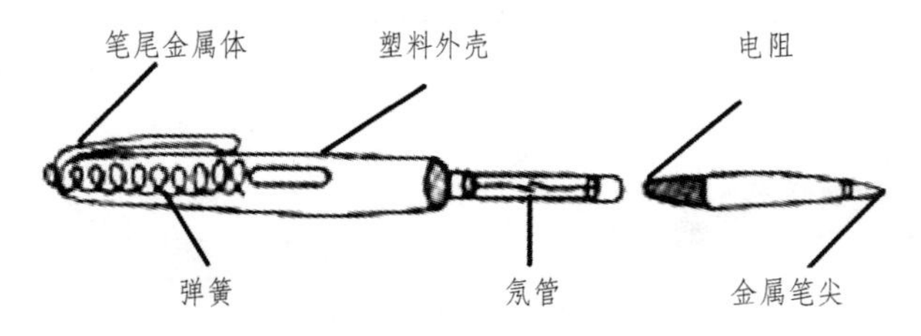

图 2-4-1　验电笔结构

验电器的功能包括：区分零线与相线、区分直流与交流、判断电压高低及识别相线接地故障。

低压验电器的使用方法和注意事项：

（1）使用前务必做好检测，保证验电器工作正常，使用时测试人员手要接触及笔尾的金属体。

（2）测试时尽量避光，以免看不清氖泡发出的光线。

（3）电笔前端金属头虽然同普通螺丝刀一样，但其只能承受很小的扭力，使用时应注意不要损坏。

（4）用低压验电器区分相线和零线时，氖泡发亮则为相线，不亮的则为零线。

（5）用低压验电器区分交流电和直流电时，两极附近都发光的则为交流电，如果只在一个电极附近发光则为直流电。

（6）用低压验电器判断电压的高低时。如测量的是低电压时氖泡发暗红，轻微亮，如测量的是高电压时氖泡发黄红色，很亮。

（7）用低压验电器可用来识别相线接地故障室，低压配电系统是三相三线制星形连接的线路，用验电器去测试三条相线，如果两相很亮，一相不亮，则这相可能存在接地故障。若低压配电系统是三相四线制电路，发生单相接地后，用电笔测试中性线，氖泡会发亮。

2.4.2 尖嘴钳

尖嘴钳的前端尖细，如图 2-4-2 所示，所以其更适用于在狭小的空间中操作。尖嘴钳把手分为铁柄和绝缘柄两种，带绝缘柄的则可带电作业，但要注意仅限 500 V 以下。

功能：可用来夹持较小的螺钉、导线、垫圈等物件，带有刀口的尖嘴钳还可剪断细小的金属丝，通常还可利用尖嘴钳将细导线绕制成接线鼻子。

2.4.3 断线钳

断线钳俗称斜口钳，如图 2-4-3 所示，钳柄有铁柄、管柄和绝缘柄三种，相较于尖嘴钳斜口钳可用于剪断较粗的导线、电缆、金属丝等，齿口部位还可用来松紧螺母。配有绝缘柄的断线钳可以带电作业，其中耐压为 1 000 V。斜嘴钳的尺寸一般分为：4 号、5 号、6 号、7 号、8 号。，比 4 “更小的，一般市场称为迷你斜口钳，约为 125 mm。断线钳主要用于切断电线，但大于 2.5 mm 的单股铜线，不建议使用断线钳，防止损坏钳子。

图 2-4-2　尖嘴钳

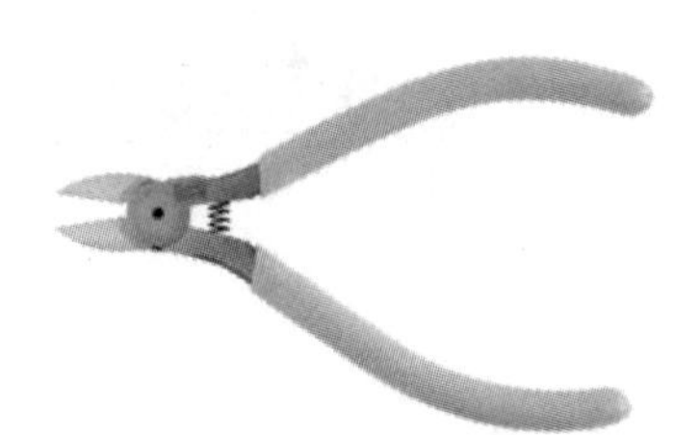

图 2-4-3　断线钳

使用工具必须了解工具的型号、特点、维护及保养方法。使用时钳口要朝向内侧，以便控制钳切部位，使用者将小指放在钳柄中间控制钳柄开合。

2.4.4 剥线钳

剥线钳是用于剥削小直径导线绝缘层的专用工具。剥线钳钳柄上的绝缘套管耐压值为 500 V，如图 2-4-4 所示。使用剥线钳要按照导线直径选择合适的刀片孔径。剥线时将电缆放置在对应刀刃的中间，根据剥线长度控制深入刀口的深度，然后压紧钳子手柄，压紧电缆并用力外拉，剥掉绝缘外套即可。

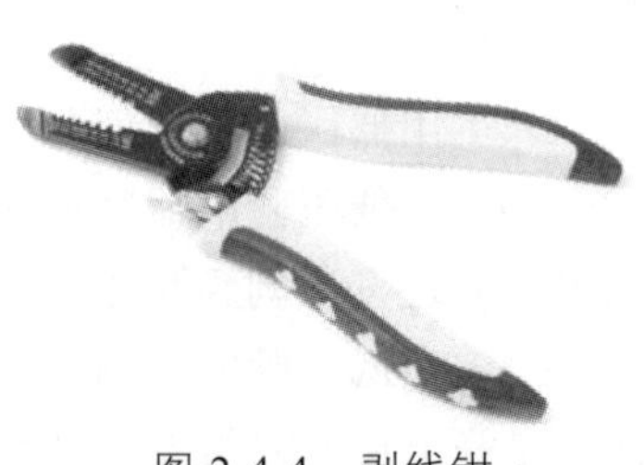

图 2-4-4　剥线钳

2.4.5　螺丝刀

螺丝刀又称旋凿或起子，是一种紧固或拆卸螺钉的工具，如图 2-4-5 所示。按手柄材料的不同分为木柄和塑料柄两种；按其刀口的形状来分，有“一”字形和“十”字形。一字形螺丝刀常用的规格按其杆长来分，有八种(50 ~ 300 mm 之间)电工必备的有 50 mm 和 150 mm 两种；十字形螺丝刀专用于松紧十字槽形的螺丝，一般有 4 种规格：Ⅰ号（适用于螺钉直径为 2 ~ 2.5 mm），Ⅱ号（适用于螺钉直径为 3 ~ 5 mm），Ⅲ号（适用于螺钉直径为 6 ~ 8 mm），Ⅳ号（适用于螺钉直径为 10 ~ 12 mm），这里要注意的是非绝缘手柄的螺丝刀不能带电作业。

2.4.6　万用表的使用

万用表的主要功能为测量直交流电流电压、电阻、电容、二极管、三极管参数等物理量。万用表分为数字和机械两种，由表头、选择开关、红黑测试表笔等组成。现在市面上以数字万用表为主，如图 2-4-6 所示。

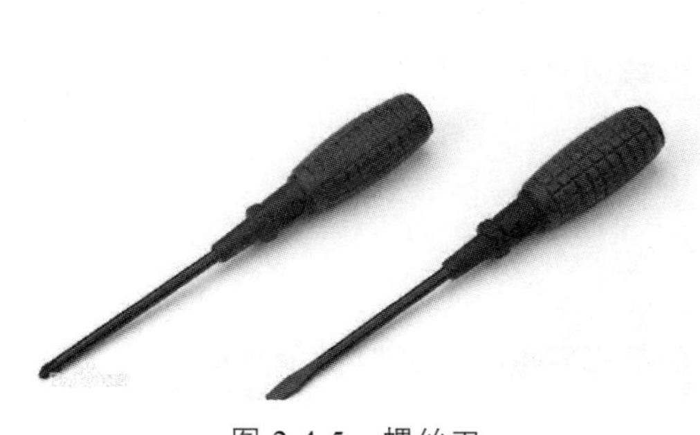

图 2-4-5　螺丝刀

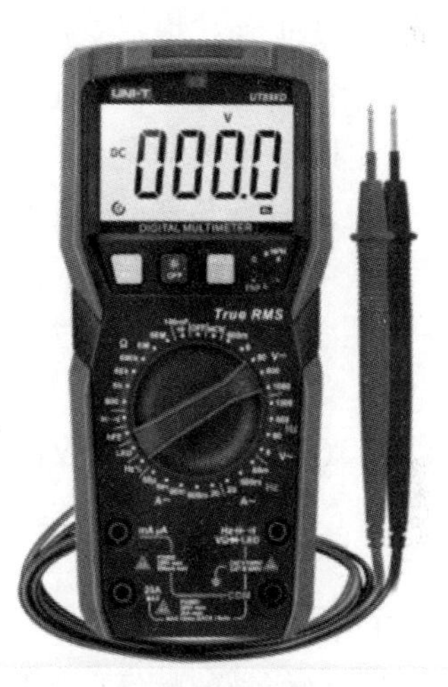

图 2-4-6　数字万用表

1. 万用表的使用方法

1）测量交流电压

将转换开关转到“V”符号，根据被测电压的高低选择合适的量程，如果被测电压高低不知道时，可选择最大量程，将万用表并联在被测电路中，当指针偏转很小时，在逐级调低到合适的量程。

2）测量直流电压

首先要估测待测线路电压，然后将选择开关拨置直流电压挡位（“$\underline{\text{V}}$”符号），使用时红黑表笔不能接错，要保证电流从红表笔流入，从黑表笔流出，否则机械指针会反转若接反，如果无法确定正负极，可以选择试触法，并将选择开关拨置高量程挡，试触时看到表针反转后，再将红黑表笔反过来再测。

3）测量直流电流

测量直流电流时将选择开关拨置到“mA”“μA”，选择适当的量程，同直流电压挡一样要注意测量对象的正负极，不能反接以免损坏万用表。

4）测量电阻

将转换开关转到“Ω”符号的适当量程挡，先将两根表棒短接，旋转调零旋钮，然后进行测量，注意单位。

2. 万用表的使用注意事项

（1）要正确使用插孔（端钮）和转换开关位置，一定要按颜色将红色表棒插入“+”极孔，黑色表棒插入“-”极孔。

（2）测直流电压、电流时应注意正负极性。

（3）根据所测量程，将转换开关旋至合适的位置，量程的选择应使指针在量程的 1/2 ~ 2/3 范围内。

（4）读数要正确，根据对应的标尺读数。

（5）严禁在被测电阻带电的状态下测量。

（a）测电阻前应先调零。

（b）测电阻时，尤其是大电阻，不能用两手接触测棒的带电部分，以免影响测量结果。

（c）检验晶体管极性时，应注意测棒的正负极性与电池的极性相反。

（d）在测量较高电压或较大电流时，不准带电转动开关旋钮以防烧怀开关触点。

2.4.7 GOS-6050 双踪示波器

1. 概　述

GOS-6050 为双踪示波器，具有 0 ~ 50 MHz 的频率宽度，可同时显示两路被测信号的波形，也可以测试信号的幅值、周期（频率）。

2. 技术参数

1）垂轴系统

输入灵敏度：1 mV/DIV ~ 20 V/DIV，按 1-2-5 进挡，共 14 挡，附微调功能。

精度：1 mV，2 mV/DIV+5%，5 mV，20 V/DIV+3%，

频带宽度：直流 DC-50MHz；交流 20 ~ 50 MHz。

输入阻抗：1 MΩ+2% //约 25pF。

耦合方式：AC、GND、DC。

工作方式：CH1、CH2、DUAL（CHOP，ALT）、ADD、CH2 INV。

最大输入电压：400 V（直流加交流峰值）在 1 kHz 或以下。

2）扫描系统

扫描时间：0.2 μs/DIV ~ 0.5 s/DIV，共 20 挡，连续可变微调至面板指示值的 1/2.5 或以下。

扫描放大：x5，x10，x20 MAG。

3）触发源

VERT、CH1、CH2、LINE、EXT。

4）校准信号

方波；电压：0.5 V+3%；频率：约 1 kHz。

5）工作电源

交流 100 V/120 V/ 230 V+10%，50/60 Hz。

3. 面板说明

GOS-6050 双踪示波器如图 2-4-7 所示。

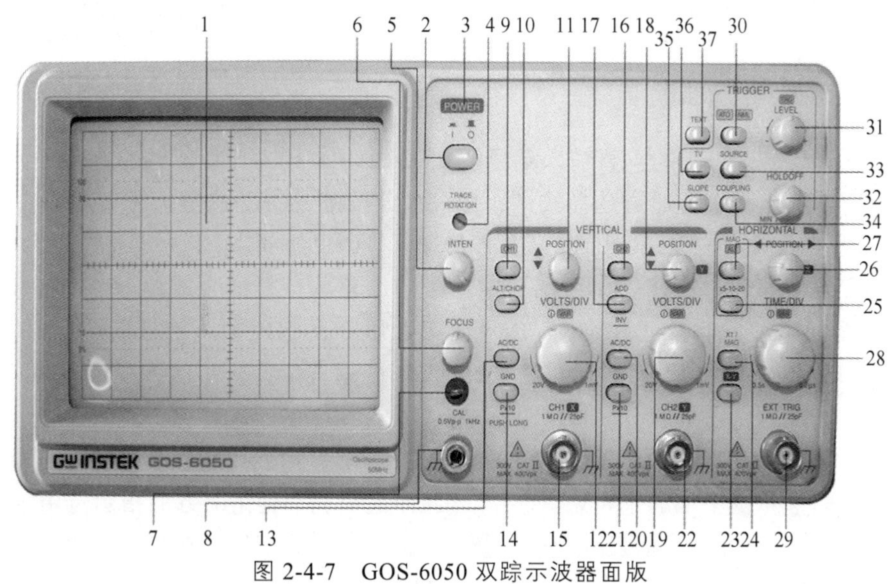

图 2-4-7　GOS-6050 双踪示波器面版

1）电源、显示调整及校准旋钮功能说明

（1）CRT：6 英寸内附刻度线之方形显示器。

（2）POWER：电源开关。

（3）电源指示灯。

（4）TRACE ROTATION：可调整水平亮线的顷角。

（5）INTEN：调整显示亮线的亮度。

（6）FOCUS：聚焦调整旋钮。

（7）CAL：校正用电压信号端子，可输出电压为 0.5 V，频率约为 1 kHz 的方波信号。

（8）接地端子，与其他仪器取得相同的接地时用。

2）垂轴系统按键、旋钮功能说明

（9）CH1 按键：CH1 通道选择按键，按一次此按键，CH1 按键上方黄灯亮，CH1 通道正常工作，再按一次此按键，CH1 按键上方黄灯灭，CH1 通道关闭。

（10）ALT/CHOP：ALT 与 CHOP 转换按键，ALT 功能是每次扫描交替显示 CH1 及 CH2 的输入信号。CHOP 的功能是与 CH1 及 CH2 输入信号的频率无关，而以 250 kHz 在两频道间切换显示。

（11）POSTION：可以调整显示屏上 CH1 波形的垂直位置，在 X-Y 动作时可作为 X 轴位置调整用。

（12）VOLTS/DIV：用于设定垂直轴感度的 CH1 垂直轴衰减旋钮。此旋钮可在 1-2-5 级数间切换（通过显示屏下部的字符来观察）。当按下此旋钮，旋钮上方的指示灯由黄色变成红色后，此旋钮处于 CH1 垂直轴衰减的微调状态，再按一次此旋钮，旋钮上方的指示灯由红色变成黄色后，又恢复。在 X-Y 动作时可作为 X 轴位置调整用。

（13）AC/DC：输入信号为交流电与直流电转换按键（通过显示屏下部的字符来观察）。

（14）GND/Px10：按下此按键，将垂直增幅器的输入端接地，再按一次此按键，输入端处于正常输入状态（通过显示屏下部的字符来观察）。当按下此键的时间超过 3 s 时，信号垂直幅度增大 10 倍，处于 Px10 状态当再次按下此键的时间超过 3 s 时，恢复为原来状态。

（15）CH1（X）：CH1 的垂直输入端子。在 X-Y 动作下时则为 X 轴输入端子。

（16）CH2 按键：CH2 通道选择按键，按一次此按键，CH2 按键上方黄灯亮，CH2 通道正常工作，再按一次此按键，CH2 按键上方黄灯灭，CH2 通道关闭。

（17）ADD（INV）：ADD 功能显示 CH1 及 CH2 输入信号的合成波形（CH1+CH2）。当按下此键的时间超过 3 s 时，CH2 处于 INV 状态，则显示 CH2 输入信号极性反相。

（18）POSTION：可以调整显示屏上 CH2 波形的垂直位置，在 X-Y 动作时可作为 Y 轴位置调整用。

（19）VOLTS/DIV：用于设定垂直轴感度的 CH2 垂直轴衰减旋钮。此旋钮可在 1-2-5 级数间切换（通过显示屏下部的字符来观察）。当按下此旋钮，旋钮上方的指示灯由黄色变成红色后，此旋钮处于 CH2 垂直轴衰减的微调状态，再按一次此旋钮，旋钮上方的指示灯由红色变成黄色后，又恢复。在 X-Y 动作时可作为 Y 轴位置调整用。

（20）AC/DC：输入信号为交流电与直流电转换按键。

（21）GND/Px10：按下此按键，将垂直增幅器的输入端接地，再按一次此按键，输入端处于正常输入状态（通过显示屏下部的字符来观察）。当按下此键的时间超过 3 s 时，信号垂直幅度增大 10 倍，处于 Px10 状态当再次按下此键的时间超过 3 s 时，恢复为原来状态。

（22）CH2（Y）：CH2 的垂直输入端子。在 X-Y 动作下时则为 Y 轴输入端子。

3）扫描系统按键、旋钮功能说明

（23）X-Y：按一次此按键，VERT 模式设定为无效，而将 CH1 变为 X 轴，CH2 变为 Y 轴的 X-Y 轴示波器。再按一次，恢复为 VERT 模式。

（24）X1/MAG：水平轴倍数选择按键，按一下此按键，水平轴倍数可通过（25）按键选择 X5-10-20 的倍数选择。再按一下此按键，水平轴倍数为 X1。

（25）X5-10-20：水平轴倍数按键，不断按此按键，可依次选择 X5-10-20 的水平轴倍数（通过显示屏下部的字符来观察）。

（26）POSTION：可以调整显示屏上显示波形的水平位置。

（27）ALT：每次交替显示 CH1 和 CH2 的输入信号。

（28）TIME/DIV：为扫描时间切换器。此旋钮可在 0.2 ~ 0.5 s 之间以 1-2-5 级数间切换（通过显示屏下部的字符来观察）。当按下此旋钮，旋钮上方的指示灯由黄色变成红色后，此旋钮处于扫描时间微调状态，再按一次此旋钮，旋钮上方的指示灯由红色变成黄色后，又恢复为原状态。

4）触发源按键、旋钮功能说明

（29）EXT TRIG：外部触发信号输入端子。

（30）ATO/NML；触发模式选择，ATO 模式由 TRIGGER 信号启动扫描；NML 模式由 TRIGGER 信号启动扫描，但是与 ATO 模式不同，若无正确的 TRIGGER 信号则不会显示亮线。

（31）TRIGGER LEVEL：可用于调整在 TRIGGER 信号波形 SLOPE 的哪一点上被触发而开始进行扫描。

（32）HOLDOFF：用于调节 HOLD-OFF 时间。

（33）SOURE：用于选择触发信号的来源（VERT、CH1、CH2、LINE、EXT）。

（34）COUPLING：用于选择触发耦合。

（35）SLOPE：用于选择触发扫描信号源的极性。

（36）TV：将复合映像信号的同步脉冲信号分离出来与 TRIGGER 电路结合。

（37）TEXT：显示屏字符亮度调节，通过连续轻触此按键，显示屏字符亮度依次由暗到亮变化，当到最亮后，再轻触此按键，字符亮度又变为最小。

4. 使用方法

设备接通电源后，先预热一会儿，屏幕出现光迹，然后分别调节亮度和聚焦旋钮以使光迹的亮度清晰、适中。

通过连接探头将本机校准信号输入至 CH1 或 CH2 通道，调节电平旋钮使波形稳定，分别调节 X 轴和 Y 轴的位移，使波形居中。

做完以上工作，证明本机工作状态基本正确，可以进行测。下面以正弦交流电的电压测量和频率测量为例。

将 CH1 或 CH2 的垂直输入耦合方式置于 AC 位置（通过显示屏下方字符显示）。调节 VOLTS/DIV 旋钮和 TIME/DIV 旋钮，使正弦波在显示屏显示波形位置合适，示波器探头置于 ×1 挡，则正弦交流电压 $V_{p\text{-}p} = V/DIV \times h(DIV)$，其中，$h(DIV)$ 为正弦波形波谷至波峰的高度，单位为格。$V_{有效值} = V_{p\text{-}p}/2\sqrt{2}$。正弦交流电周期 $T = s/DIV \times d(DIV)$，其中，$d(DIV)$ 为波形一个周期的宽度，单位为格。$f = \dfrac{1}{T}$。

2.4.8 数字交流毫伏表

1. 概　述

此处以 YB2173B 双路数字交流毫伏表为例进行介绍。YB2173B 双路数字交流毫伏表由两组性能相同的集成电路及晶体管组成的高稳定度的放大电路和数码显示表头等组成，其数码表头显示直观、清晰，可进行双路交流电压同时测量和比较。该毫伏表具有测量电压范围宽，测量电压灵敏度高，噪声低，测量误差小等优点，并且具有相当好的线性度。

2. 技术参数

测量电压范围：30 μV ~ 300 V。

测量电压的频率范围：10 Hz ~ 2 MHz。

电压量程 6 级：3 mV ~ 300 V。

分贝量程 6 级：－70 dB ~ +40 dB。

电压误差：≤满刻度的 ± 3%（以 1 kHz 为基准）。

最大输入电压：300 V。

输入阻抗：≥1 MΩ。

输入电容：≤50 pF。

输出电压：0.1 Vrms ± 10%。

输出电压频响：10 Hz ~ 200 kHz≤ ± 3%（以 1 kHz 为基准，无负载）。

电源电压：AC　200 V ± 10%　50 Hz ± 4%。

3. 面板说明

YB2173B 双路数字交流毫伏表面板如图 2-4-8 所示。

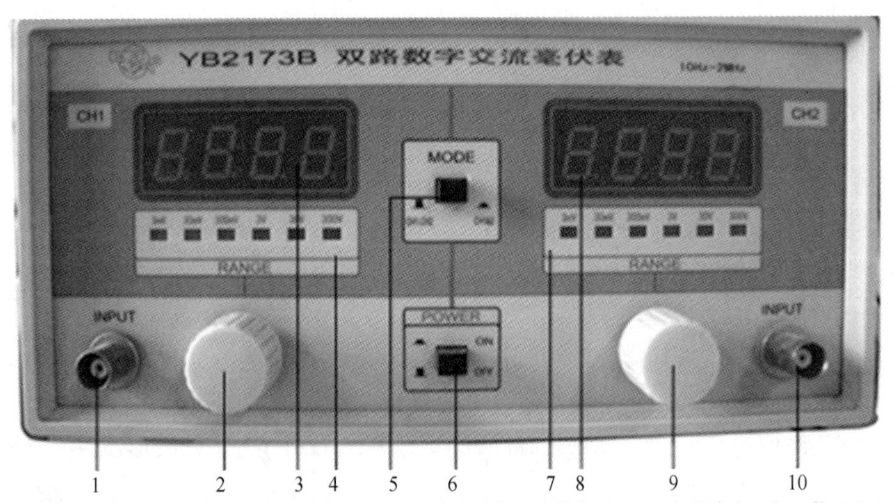

1—左通道输入端子；2—左通道输入量程旋钮；3—左通道输入量程指示；4—左通道输入电压数码显示；5—左右通道同步功能按键；6—电源开关；7—右通道输入量程指示；8—右通道输入电压数码显示；9—右通道输入量程旋钮；10—右通道输入端子。

图 2-4-8　YB2173B 双路数字交流毫伏表面板

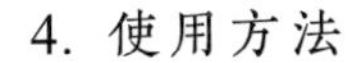

4. 使用方法

（1）打开电源后仪器自动置于高量程挡，若被测电压较小，可逐挡转换到低量程挡，直到数码显示能显示正常数值并接近量程为止。

（2）测量时，先接地线，后接信号线；测量后，应先把量程还原至高量程挡，再去除信号线、地线。

（3）读数时，直接读出数码显示所显示的数值，当量程处于 V 挡（3 ~ 300 V）时，单位为 V；当量程处于 mV 挡（3 ~ 300 mV）时，单位为 mV。

2.4.9　函数信号发生器

1. 概　述

下面以 YB1610P 函数信号发生器为例进行介绍。YB1610P 函数信号发生器是一种具有高稳定度、多功能、功率输出等特点。能产生正弦波、方波、三角波、脉冲波、斜波；输出频率和幅度由 LED 显示，其余功能则由发光二极管指示，用户可以直观、准确地了解仪器的使用状况。

2. 技术参数

频率范围：0.1 Hz ~ 10 MHz。

输出波形：正弦波、方波、三角波、脉冲波、斜波、50 Hz 正弦波。

方波上升时间：100 ns。

输出电压幅度：≥20 $V_{p\text{-}p}$（1 MΩ）。

直流偏置：±10 V（1MΩ）。

输出阻抗：50 Ω。

占空比调节：20% ~ 80%。

计数范围：6 位（999999）。

幅度显示：3 位；分辨率：1 m$V_{p\text{-}p}$（40dB）。

TTL 输出幅度 “0”：≤0.6 V；“1”：≥2.8 V。

TTL 输出阻抗：600 Ω。

频率测量精度：6 位 ±1%，±1 个字。

外测频范围：1 Hz ~ 10 MHz。

幅度显示误差：±15%，±1 个字。

输出电压：35$V_{p\text{-}p}$。

输出功率：≥10W。

直流电平偏移范围：+15 V ~ -15 V。

电源电压：AC 220 V ± 10%、50 Hz ± 5%。

3. 面板说明

YB1610P 函数信号发生器如图 2-4-9 所示。

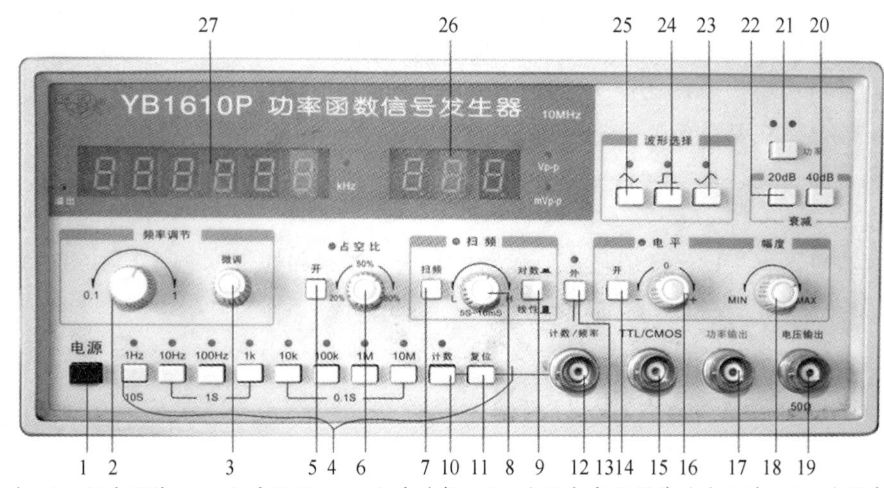

1—电源开关；2—频率调节；3—频率微调；4—频率选择；5—波形占空比调节功能开关；6—波形占空比调节；7—扫频功能开关；8—扫频时间调节旋钮；9—扫频时间轴关系选择开关；10—频率计数功能开关；11—频率计数复位；12—频率/计数信号输入端子；13—外输入信号开关；14—输出信号直流电位功能开关；15—TTL/COMS 信号输出端子；16—输出信号直流电位调节；17—功率信号输出端子；18—输出信号幅度调节；19—电压信号输出端子；20—40 dB 衰减按键；21—功率信号输出按键；22—20 dB 衰减按键；23—正弦波选择按键；24—方波选择按键；25—三角波选择按键；26—输出信号幅度（V_{p-p}）显示；27—输出信号频率显示（单位符号为 kHz）。

图 2-4-9　YB1610P 函数信号发生器面板

4. 使用方法

（1）打开电源。

（2）输出波形选择：通过 23、24、25 按键选择所需波形。

（3）频率调节：首先调节频率范围选择按键 4 至相应的频率挡，通过频率调节旋钮 2 和频率微调旋钮 3 调至所需信号频率，通过输出信号频率显示 27 直接观察。

（4）幅值调节：调节输出信号幅度调节旋钮 18 至所需电压值。如需小信号输出，则通过输出衰减按键 20 和 22 对输出信号进行衰减，调节输出信号幅度调节旋钮 18 至所需电压值。

（5）将所调信号接入电路。

2.4.10　电烙铁及其使用

1. 电烙铁简介

电烙铁是手工施焊的主要工具，其外形如图 2-4-10 所示。选择合适的烙铁，并合理地使用它，是保证焊接质量的基础。由于结构用途的不同，有各式各样的烙铁，从烙铁的功率分，有 20 W、30 W…，300 W 等；从加热方式分，有直热式、感应式、气体燃烧式等。

图 2-4-10　电烙铁外形

常用的电烙铁一般为直热式。直热式又可分为外热式、内热式和恒温式三类。直热式电烙铁主要由烙铁芯、烙铁头、手柄、接线柱等组成。典型的电烙铁结构如图 2-4-11 所示，它的关键部件是烙铁芯，它是将镍铬电阻丝绕在陶瓷或者云母等既耐热又绝缘的材料上构成。烙铁头安装在烙铁芯的里面，称为外热式电烙铁；烙铁芯安装在烙铁头里面，称为内热式。它们的工作原理类似。在接通电源后，烙铁芯升温，烙铁头受热温度升高，达到工作温度后，就可进行焊接。由于内热式电烙铁的烙铁芯在烙铁头内部发热，因而具有发热快、热利用率高、重量轻、体积小、耗电省的特点，得到了普遍应用，电子产品的手工焊接多采用内热式电烙铁。

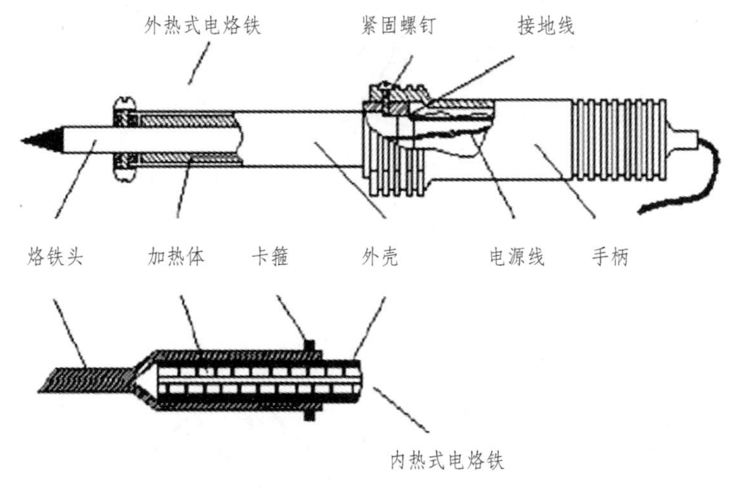

图 2-4-11　典型电烙铁内部结构

烙铁头是用紫铜制作的，它的作用是储存热量和传导热量。为适应不同焊接物面的需要，烙铁头也有不同的形状，常见的有锥式、凿式和圆斜面式等，其中，圆斜面式是市售烙铁头的一般形式。选择烙铁头的依据是：应保证焊接处（焊盘）的面积大于电烙铁尖端的接触面积。如果烙铁头接触面的面积过大，会导致过热损坏焊接的元器件及电路板。

2. 电烙铁种类的选择

电烙铁有很多种类及规格。要根据焊接元件的不同合理地选用电烙铁的功率及其种类，有助于提高焊接的质量和效率。一般选择电烙铁主要从烙铁的种类、功率及烙铁头的形状三个方面考虑。一般的焊接应首选内热式电烙铁；对于大型元器件及直径较粗的导线应考虑选用功率大的外热式电烙铁。对要求工作时间长，被焊元器件又少，则应考虑用恒温电烙铁。具体来说，采用小型元器件的普通印制电路板和 IC 电路板的焊接应选用 20 ~ 25 W 内热式电烙铁或 30 W 外热式电烙铁；焊接导线及圆轴电缆，应选用 45 ~ 75 W 外热式电烙铁或 50 W 内热式电烙铁；焊接较大的元器件，如输出变压器的引线脚，应选用 100 W 以上的电烙铁。

3. 电烙铁的正确使用

电烙铁握法有反握法、正握法及笔握法三种，如图 2-4-12 所示。三种握法各有优缺点，反握法适用于大功率的电烙铁的焊接工作，握着相对稳定，因此长时间操作不容易疲劳；正握法适用于中等功率烙铁或带弯头电烙铁的操作；握笔法最易于上手，适用于在操作台上焊印制电路板，但缺点是长时间操作很容易疲劳。

使用电烙铁要注意防止烫伤，使用时随手要放在烙铁架上，同时谨防电烙铁的导线触碰到电烙铁上，以免破坏绝缘层造成漏电造成触电事故。烙铁头很容易氧化不沾锡或温度不够，这时可用砂纸或细锉刀打磨。使用过程中烙铁头挂锡太多时，不可用力甩电烙铁或敲打电烙铁头，这会导致烙铁芯的瓷管破裂，想去掉多余焊锡或烙铁头上的残渣可以在湿布或湿海绵上擦拭。

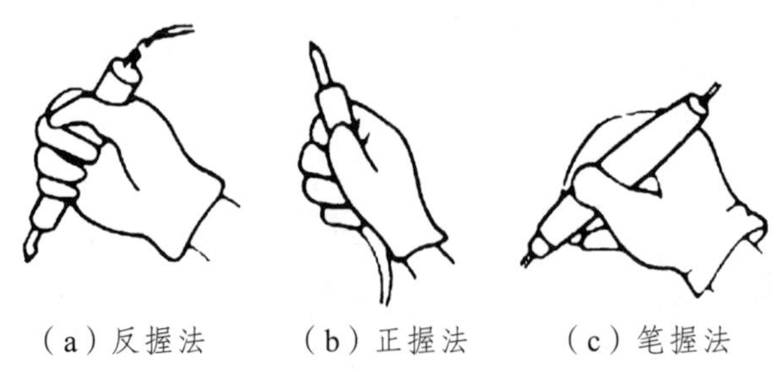

（a）反握法　（b）正握法　（c）笔握法

图 2-4-12　电烙铁的握法

4. 焊接基本步骤

焊接正确操作步骤共有五步，如图 2-4-13 所示。

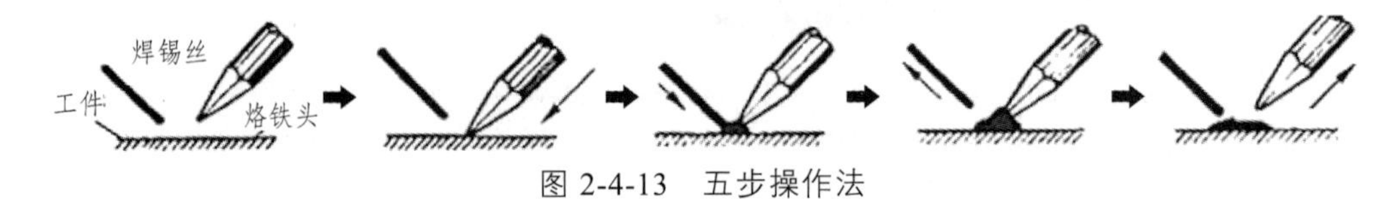

图 2-4-13　五步操作法

（1）准备：焊接元件前应先准备好焊接的工具和材料，电烙铁插电预热，将待焊元器件正确插装，然后两手分别拿焊锡、握电烙铁，准备焊接。

（2）加热：将电烙铁放置在焊点处加热，加热 1 ~ 2 s 后即可进行下一步。加热过程中应特别注意几个问题：

① 烙铁头要同时接触焊盘和引脚，尤其一定要接触到焊盘。

② 烙铁头的椭圆截面的边缘处（即图 2-4-14 中的 A 点）也一定要镀上锡，否则不便于给焊盘加热。

③ 加热时，电烙铁头切不可用力压焊盘或在焊盘上转动，由于焊盘是由很薄的铜敷在纤维板上的，高温时，机械强度很差，稍一用焊盘就会脱落，造成无法挽回的损失，加之烙铁头的侧刃又比较锋利，更使得这种现象在实训中时有发生。

（3）加焊料：保持电烙铁头与焊点接触，然后将焊锡丝接触焊点，随着焊料的熔化，焊盘上的焊料将会流满整个焊盘堆积起来，形成焊点。标准的焊点如图 2-4-15 所示。

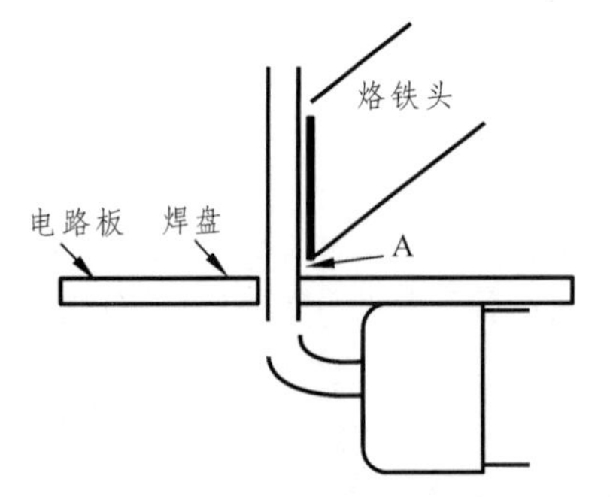

图 2-4-14　烙铁头椭圆截面的边缘处也要镀上易

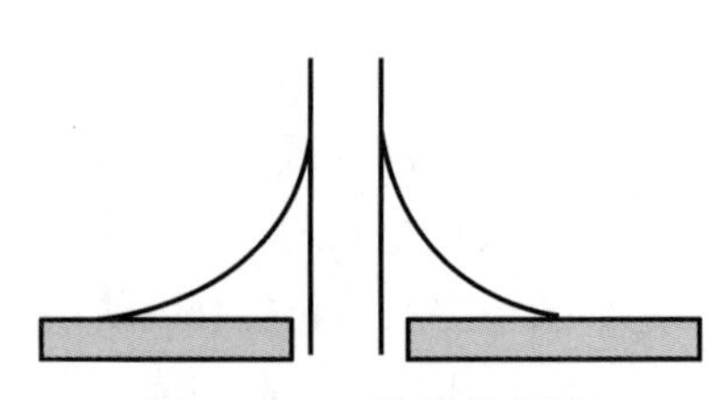

图 2-4-15　标准的焊点

标准的焊点应具备以下几点：

- 焊锡流满整个焊盘。
- 表面光亮、无毛刺。
- 焊锡与引脚及焊盘能很好的融合，看不出界限。

送锡的量应把握一个原则：在焊锡流满整个焊盘的前提下，用锡越小越好。

（4）移开焊料：焊点焊接好后，应迅速移开焊锡丝，然后用烙铁头在焊接部位聚拢焊料，确保焊料覆盖整个焊点。

（5）移开烙铁：确保焊料覆盖整个焊点后迅速移开电烙铁，完成焊接工作。

如果烙铁移开的速度不够快，则会出现图 2-4-16 所示的效果，并且十分不好修复。所以，工程上常采用沿着元件引脚方向（图 2-4-16 中箭头所示方向）移开电烙铁的方法，这样，即使出现毛刺，也靠在元件的引脚上，将会随着引脚被一起剪掉而不留任何痕迹。

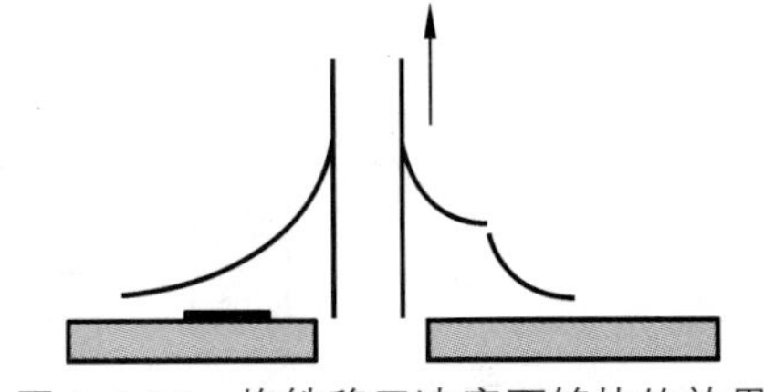
图 2-4-16　烙铁移开速度不够快的效果

烙铁移开后要保持两个不动：元件不动、电路板不动。因为此时的焊点处在熔化状态，机械强度极弱，元件与电路板的相对移动会使焊点变形，严重影响焊接质量。

需要注意单个焊点的焊接时间，一般不超过 3s，一次没焊接好，可以多次补焊，切忌单次电烙铁停留过长，导致焊盘过热而损坏。

2.5　单片机控制基础

2.5.1　计算机技术概述

计算机技术是 20 世纪人类最伟大的发明之一，其发展与推广使得我们的世界与生活方式发生了巨大的变化。时至今日，没有哪一个行业的发展能离得开计算机，随之而诞生的各类软件更是深深地影响了我们的生活，为我们带来无尽的便利。

第一台电子管计算机诞生于 1946 年 2 月 15 日，取名为 ENIAC（Electronic Numerical Integrator and Computer），能在 1 s 的时间内完成 5 000 次加法运算。虽然与现代计算机相比，ENIAC 性能低下，也有诸多不足，但它的计算能力已经远远超过人类，从而开启了机器运算的新时代。

1946 年 6 月，数学家冯·诺依曼提出了“程序存储”和“二进制运算”的思想，确定了由运算器、控制器、存储器、输入设备和输出设备组成计算机的经典的冯·诺依曼结构，如图 2-5-1 所示。

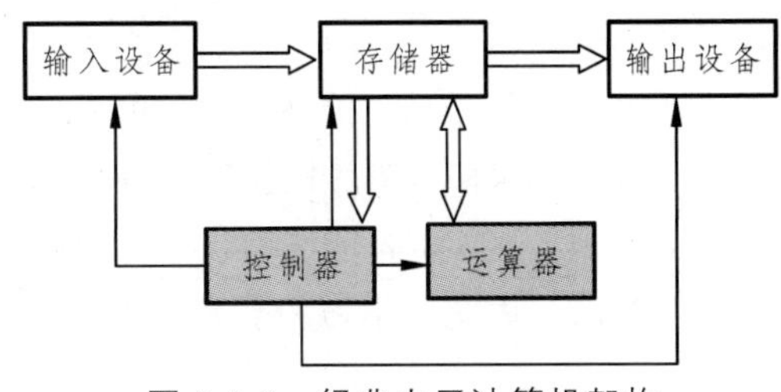

图 2-5-1　经典电子计算机架构

而后，随着电子技术的发展，计算机技术也经历了电子管、晶体管、集成电路、大规模集成电路和超大规模集成电路时代。在技术迭代的过程中，电子计算机朝着大型机（超级计算机）和微型机（个人计算机）两个方向快速发展。超级计算机的研制代表了一个国家的计算水平、科研实力，而个人计算机的发展则不断地改变着我们的生活，推进经济的前行。

2.5.2 单片机概述

1971 年，Intel 公司推出了具有运算器、控制器和寄存器的微处理器 Intel4004，加上用于存储程序和数据的两个芯片与相应的 I/O（输入、输出）接口电路，即可组成微型计算机，配以系统软件和 I/O 设备，即构成完整的微型计算机系统，微机时代由此开启，如图 2-5-2 所示。

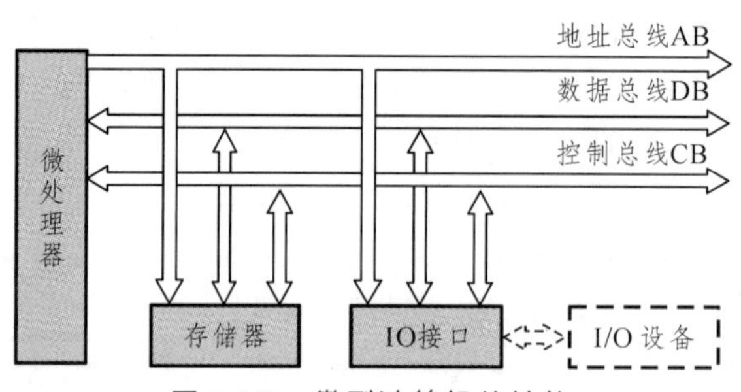

图 2-5-2 微型计算机的结构

微型计算机从应用形态上分为三类：多板机（系统机）、单板机和单片机，如图 2-5-3 所示。个人计算机（PC 机）就是典型的多板机，其人机界面好，软件丰富，运算能力强。单板机是将 CPU（中央处理器）、储存芯片、I/O 控制器、输入键盘等设计到一块印刷电路板（PCB）上的计算机系统，早期主要用于教学以及简单的测控系统，现在已经很少使用。

单片机则是在一片集成电路芯片上集成微处理器、存储器、I/O 接口电路，从而构成的单芯片微型计算机。

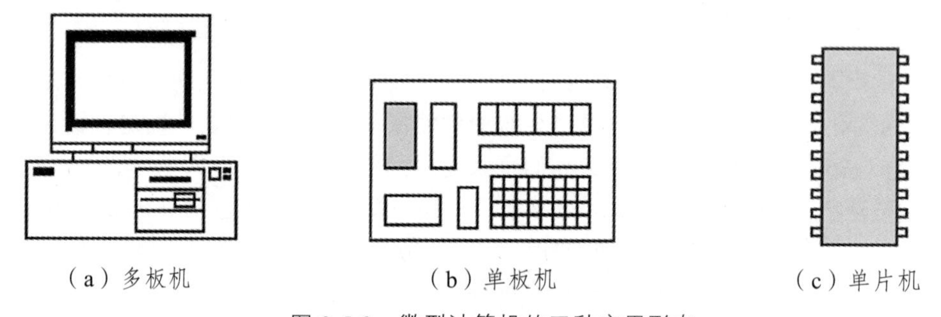

图 2-5-3 微型计算机的三种应用形态

单片机体积小巧、价格低廉、可靠性好，其特有的计算机形态对于嵌入式应用的展开有着独特的优势。目前，单片机技术已经成为电子系统设计最为常用的手段，其应用遍及我们生活的方方面面，例如，智能洗衣机、电饭煲、智能家居产品以及大量的科学仪器都是以单片机为控制核心的。因此，学习和掌握单片机技术，并将其与自己的专业相结合，具有重要的意义。

2.5.3 基于 Arduino 系统的单片机技术概述

参与电工实训课程的学生有不少都不是电类专业的，没有任何编程基础，但编程非常有趣，进入单片机的微观世界后，你会发现时间一下子变得慢了，可以在 1 μs 内完成一次加法运算，进行一个点灯位操作，让一个电机转起来。希望本书的读者，都能带着探索的心态走进控制器的微观世界，感受计算机带给我们的便利。

Massimo Banzi 是意大利米兰互动设计学院的教师，他的学生常常抱怨不能找到一块价格便宜且功能强大的控制主板来设计他们的机器人。2005 年冬天，Banzi 和 David Cuartielles 讨论到这个问题，David Cuartielles 是西班牙的微处理器设计工程师，当时在这所学校做访问研究，他们决定自己设计一块控制主板，并请 Banzi 的学生 David Mellis 编写代码程序。David Mellis 只花了两天时间就完成了代码的编写，然后又过了 3 天，板子就设计出来了，取名为 Arduino，图 2-5-4 所示为 Arduino 标识。

很快，这块板子受到了广大学生的欢迎。这些学生当中那些甚至完全不懂计算机编程的人，都用 Arduino 做出了很炫酷的东西：有人用它控制和处理传感器，有人用它控制无人机，如图 2-5-5 所示，有人用它开发出基于 Arduino 控制平台的 3D 打印机，如图 2-5-6 所示。Arduino 的发展，极大程度上降低了单片机开发的难度，推动了创客文化，使创新创业变得更加流行。目前，Arduino 已形成了较为完整的体系。

图 2-5-4　Arduino 标识

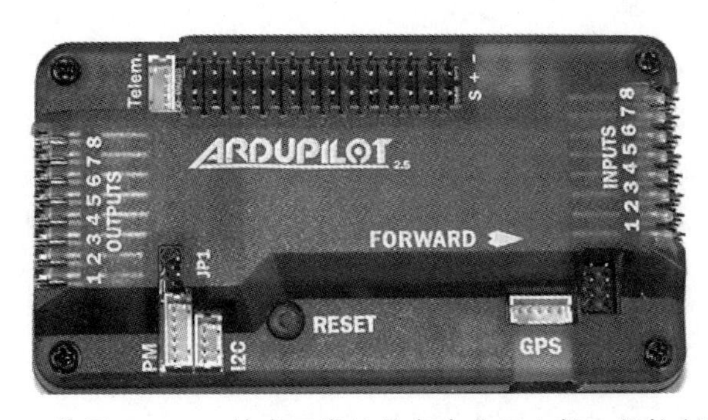

图 2-5-5　使用 Arduino 技术开发的著名专业无人机飞行控制器 APM

图 2-5-6　使用 Arduino 技术开发的 3D 打印机

Arduino 是一款基于“Easy-to-use”(使用简单)理念的开源软硬件电子开发平台。Arduino 平台拥有多种不同性能的开发板，其主控芯片虽然来自不同的单片机制造厂商，但其驱动在打包后，却可以共用同一个软件平台进行开发，这在单片机的世界里是很令人欢欣鼓舞的。Arduino 开发板将不同的单片机控制芯片进行封装，将其 I/O 口分类引出为标准的引脚排布，以便支持更多的标准接口硬件。软件上，Arduino 的编程平台（IDE）基于 Processing 开发，集成了多款 Arduino 硬件驱动，使用 C 语言进行编程，具有统一的关键字和引脚定义，方便代码的移植。

Arduino 除了从架构上大大降低了单片机学习的门槛，也在资源上保证了丰富有趣的学习案例和资料。其官方网站发布最新的硬件、案例、项目以及开发平台软件。国内也有大量的 Arduino 技术论坛，影响力较大的是 Arduino 中文社区，论坛信息量巨大。希望大家在学习单片机的过程中不畏艰难、多上论坛、学习案例、提升自我，早日感受到电子开发的魅力所在！

2.5.4 基本术语与硬件介绍

本节以 Arduino UNO 板为目标开发板，介绍一些基本术语和学习基于 Arduino 的单片机开发基本技术。

Arduino UNO 板是使用最多的 Arduino 板，如图 2-5-7 所示，UNO 板的核心单片机为 AVR 的 Atmega328P，是一款 8 位单片机，时钟频率为 16 MHz，RAM 为 2 kB，ROM 为 32 kB。作为对比，现在我们使用的计算机一般是 64 位，时钟频率为 2 GHz 左右，RAM（内存）为 4 GB 左右，ROM（硬盘）为 1 TB 左右。可以看出，主要参数上，UNO 板与通用计算机差距巨大，但并不影响它去做专用控制器，实现 3D 打印、机械臂操作、智能电饭煲控制等功能。下面以 UNO 板为例介绍常用术语。

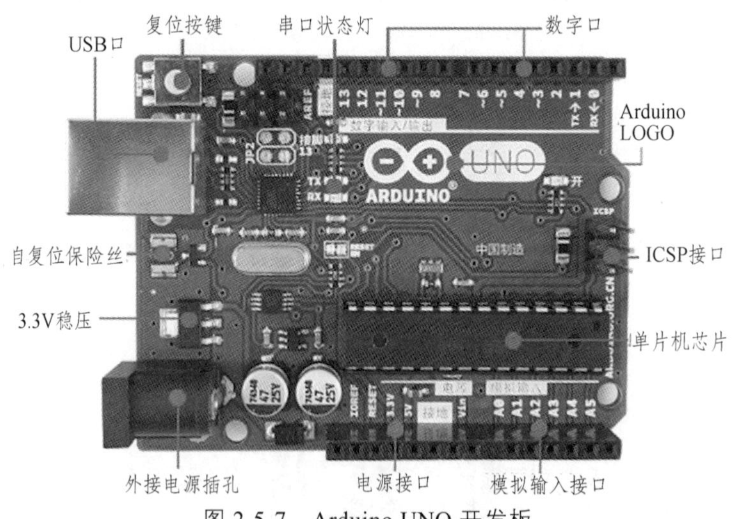

图 2-5-7　Arduino UNO 开发板

1. VCC 与 GND

学过电路的同学应该知道，VCC 为供电电压，GND 为接地端。Arduino UNO 板是 5 V

直流系统，故其供电电压 VCC 为 5 V，GND 为电源负极 0 V。另外，由于很多芯片要求 3.3 V 供电，所以 UNO 板上设置了一颗电压转换芯片，将 5 V 转换为 3.3 V，由相应的引脚引出。

2. 数字 I/O 口

电路分为模拟电路和数字电路。通常意义上讲，把信号只区分为高电平（1）和低电平（0）两种的系统，称为数字系统。计算机系统是典型的数字系统，其内部处理的所有信号和数据，都是 0 和 1 组成的二进制信号。I/O 口称为输入输出口，即英文 INPUT 和 OUTPUT。UNO 板的 0 ~ 13 引脚是数字输入输出口，这些引脚上只处理高电平（5 V）或低电平（0 V）信号。

3. 模拟输入口

与数字量对应的是模拟量，模拟量是自然界中连续变化的物理量的总称。比如说温度曲线，它是连续变化的，而不是非 0 即 1 这样离散的。UNO 板的 A0 ~ A5 引脚是模拟输入口，这些引脚连接了一个 AD 转换器（模拟量——数字量转换器），可以将引脚上输入的 0 ~ 5 V 的电压信号进行量化，告诉计算核心电压是多少。由于其转换使用的是一个 10 位 AD，所以它将 0 ~ 5 V 的信号线性的转换成 0 ~ 1 023（2 的 10 次方个梯度）中的一个数字 x，引脚上的电压值约等于 x 除以 1 023 再乘以 5。大量的传感器都是将其感应的物理值转换成模拟电信号，该电信号在经过电平转换后从模拟输入口接入，就可以让 Arduino 知道相应的物理量是多少。

4. 串口通信

信息交换的过程称为通信，计算机与外部设备的数据交换一般通过标准的通信协议和相应的硬件连接方式来完成。目前工控领域较为常用的通信方式分为并行通信、串行通信和总线通信。其中并行和串行通信都是 1 对 1 的通信，而总线通信是 1 对多或多对多的通信。并行通信是多位数据按约定的时钟频率同时发送，目前用得较少；串行通信则是一位一位地发送数据，比如我们常见的 USB 接口就是一种高速串行接口。总线通信有如下标准协议：CAN 总线、I2C 总线、485 总线等。他们的通信就好像计算机通过网线接入互联网一样，相互之间通过专有的地址来进行信息交换。

Arduino 的串口通信是 USART 全双工通用同步/异步串行通信，即双向串口通信，信号线包含 RX（接收，数字 0 脚）、TX（发送，数字 1 脚）、GND（地线），UNO 板带有 USB 转串口芯片，故连接计算机后，在设备管理器中会出现一个 COM 口（串口）。Arduino 的串口通信需要通信双方约定相同的通信波特率，通用的波特率一般为：300、600、1 200、2 400、4 800、9 600、19 200、38 400、43 000、56 000、57 600、115 200 b/s（位/秒）。较常用的是 9 600、57 600 和 115 200 b/s 三个值。

2.5.5　编程界面简介

1. 下载 IDE

Arduino 的编程平台推荐到官方网站下载，这样可以保证是最新版本，平台软件完全免费。访问 Arduino 官方网站，如图 2-5-8 所示，点击“SOFTWARE”项进入下载页，然后根据自己的计算机平台，选择下载相应的 IDE 安装包。

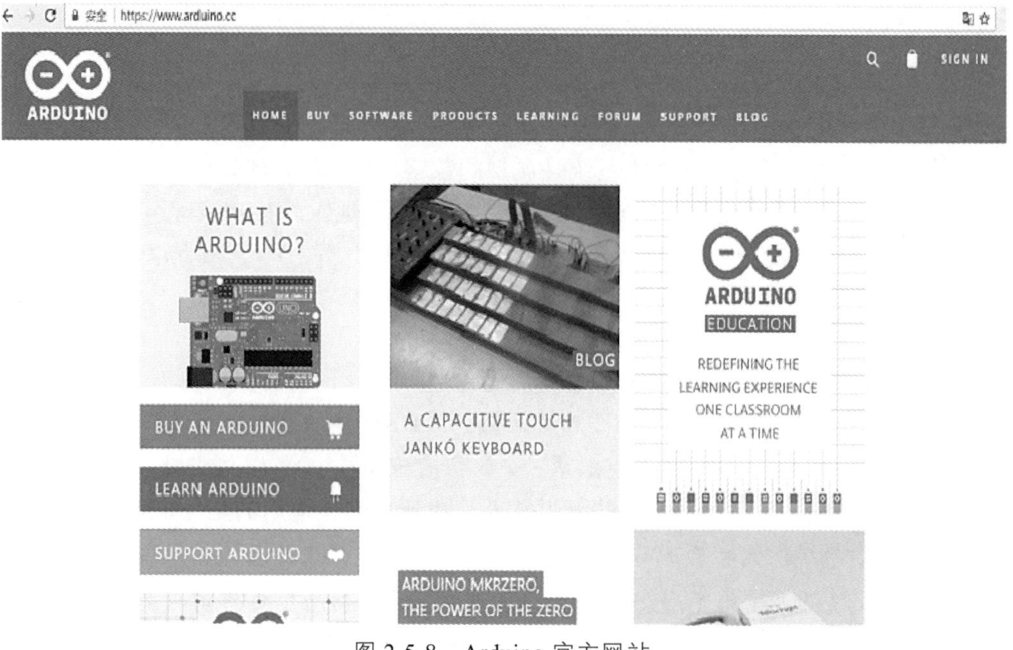

图 2-5-8　Arduino 官方网站

2. 安装编程平台

Windows 平台安装比较简单，就如同大家安装别的软件一样，首先需要选择安装位置，然后确认用户协议，最后选择安装驱动。由于软件是免费的，所以没有激活等操作，安装完毕后就可以开始使用，桌面图标如图 2-5-9 所示。

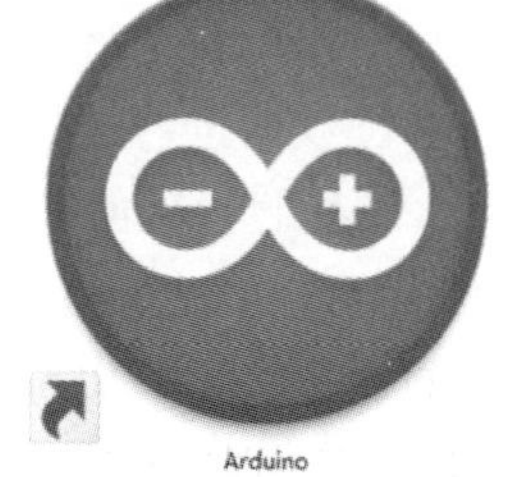

图 2-5-9　Arduino 编程平台图标

3. 软件平台使用介绍

Arduino 的编程平台集成了其所支持的单片机的基础代码与驱动，把多芯片类别的单片机世界统一到标准的编程平台、标准的函数调用，这意味着我们在使用单片机的外设时，不需要再单独去学习这款芯片的结构，不需要再去为使用这个外设而做相应的寄存器操作，而是直接调用库函数即可完成初始化。例如，我们如果要使用单片机的串行接口进行通信，按照一般的方法，需要先约定波特率，然后根据不同单片机的定时器位数（有的是 8 位，有的是 16 位）去计算定时时长，再把定时器设定到相应的工作模式，设置寄存器启动 USART 串口通信，将传输内容写入缓冲区……而如果采用 Arduino 平台来实现串口通信的初始化，不管是哪一款单片机，只要是系统支持的，只需要一句代码：“Serial.begin（9600）;”就完成以上所有操作（其中的 9600 是本次通信的波特率）。

双击图标打开 Arduino 编程平台，其界面如图 2-5-10 所示。

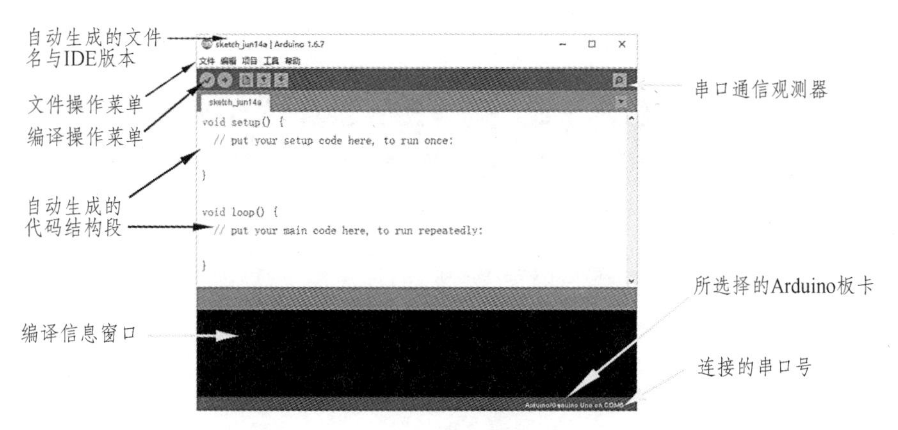

图 2-5-10　Arduino 编程平台界面

2.5.6　Arduino 编程的 C/C++语言基础

Arduino 语言是由标准 C 和 C++语言发展而来，同时根据硬件特点扩充了一些特有的关键字。C/C++编程是一个完整而丰富的编程体系，限于篇幅与应用方向，本书只介绍学习 Arduino 会用到的一些基础编程知识和概念。

1. 关键字

关键字也称保留字，是编程语言中具有固定含义和操作的字符，当正确打出关键字时，编程软件会自动识别，并改变其颜色，例如图 2-5-11 中，String、void、pinMode( )、digitalRead( ) 等，都是编程平台定义过功能了的保留字或系统函数。

```
String words;
void setup() {
  // put your setup code here, to run once:
pinMode(2, INPUT);
digitalRead(2);
}

void loop() {
  // put your main code here, to run repeatedly:

}
```

图 2-5-11　Arduino 关键字

在进行变量或常量定义时，就需要避开这些字符，否则系统会搞不清楚你的编程意图，从而出现编译错误。比如图 2-5-12，在定义一个 String（字符串）变量的时候，变量名定义为 word，而 word 是编程平台的关键字，所以在编译的时候出现了错误，并且系统提示错误出现在这一行。

将变量名改为 words 之后，因 words 不是关键字，可定义为变量名，故编译顺利通过，没有错误。

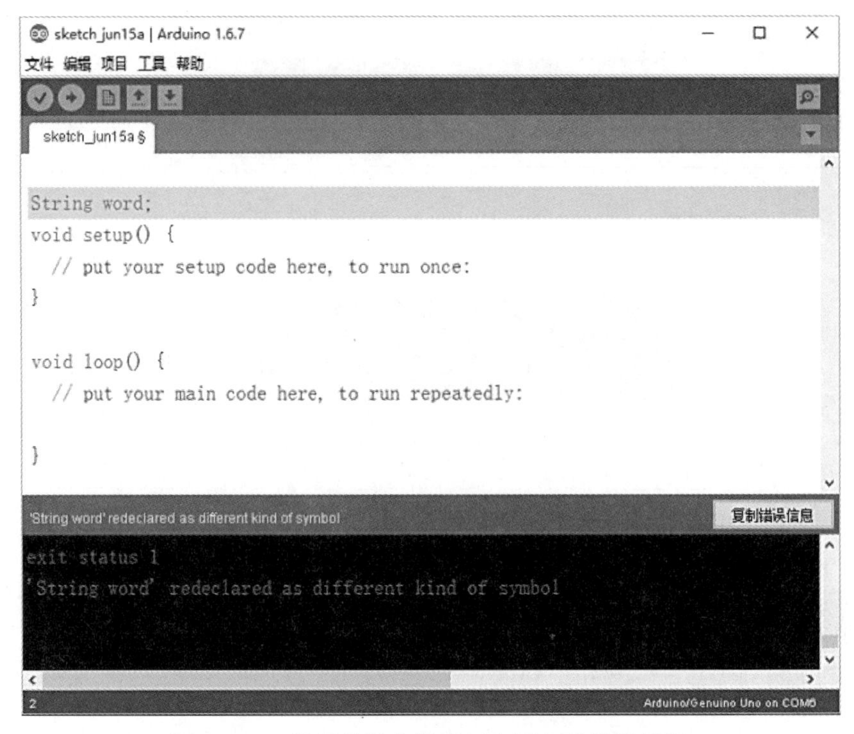

图 2-5-12　误用关键字做变量名引起的编译错误

关键字主要分为如下几个类别：数据定义关键字、程序语言关键字、库函数关键字等。具体常用的大家会在后续的学习中陆续接触，然后慢慢积累即可，没有必要一次到位去记住。

需要注意的是，编程过程中，各种符号的输入一定选择英文输入格式，并且每一行语句都以一个英文分号“;”作为结束符号。“//”是单行注释，其后所注释的代码或文字将变成灰色，不计入程序编译范围；“/*”与“*/”配合使用，其间所有内容均为注释，适用于多行注释情形。推荐大家一开始就养成良好的注释习惯，编一行代码或一个子程序都给予注释，也便于代码的阅读。

2. 数据类型

下面来看一下数据类型。数据是程序的处理对象，程序对外设的操作，最终都落到数据上。数据有多种类型，在 Arduino 编程语言中，数据分常量和变量，且必须指定其数据类型。

所谓常量，就是它的值在整个程序中都不变的量；变量则反之，可以更新它的值。

图 2-5-13 所示为用常量定义关键字“const”和宏定义关键字“#define”分别定义了两个常量 number1 和 number2，它们的值分别是 100 和 101。一般用 const 定义，其格式为：

“const 数据类型常量名 = 常量值;”

```
const int number1 = 100 ;
#define number2 101;
```

图 2-5-13　定义常量

变量的定义格式为："数据类型　变量名　=　变量值;"

数据分为整型、浮点型、字符型和布尔型等类型，整型即整数类型，分类如表 2-5-1 所示。

表 2-5-1　常用整型数据

关键字	类型	取值范围
int	整型	−32，768～32，767（8 位板） −2，147，483，648～2，147，483，647（32 位板）
unsigned int	无符号整型	0～65，535（8 位板） 0～4，294，967，295（32 位板）
long	长整型	−2，147，483，648～2，147，483，647
unsigned long	无符号长整型	0～4，294，967，295
short	短整型	−32，768～32，767

浮点型数据即实数，常用的为 double 双精度浮点型和 float 浮点数，主要用来表示小数，在 UNO 板上占用 4 个字节 32 位。

字符型用 char 来定义，支持 ASCII 码表里的所有字符。单个的字符变量定义如下：

```
char　words = 'A';
```

多个字符连接组成的句子成为字符串，用 String 定义如下：

```
String　words = "Hello world!";
```

需要注意的是，字符和字符串在定义赋值的时候都需要加英文引号，字符加单引号，字符串为双引号。

布尔型是二进制数，即 0 或 1、开或关、高电平或低电平这样的值。其定义关键字为 bool 或 boolean，如：

```
boolean　openLight　=　HIGH;
```

3. 运算符与表达式

Arduino 编程平台常用的运算符如表 2-5-2 所示。

表 2-5-2　常用运算符

运算符类型	运算符	说明
算术运算符	=	赋值
	+	加
	-	减
	*	乘
	/	除
	%	取模

续表

运算符类型	运算符	说明
比较运算符	==	等于
	!=	不等于
	<	小于
	>	大于
	<=	小于或等于
	>=	大于或等于
逻辑运算符	&&	逻辑与运算
	||	逻辑或运算
	!	逻辑非运算
复合运算	++	自加
	--	自减
	+=	复合加
	-=	复合减

后边的实验中，大家会逐步熟悉常用计算符的使用。通过运算符把运算对象连接起来的式子称为表达式，比如：5+3、number > 25 等。

4. 数　组

数组是由一组相同数据类型的数据构成的集合。数组这个概念的引入，使得在处理多个相同类型的数据时，程序会变得更加清晰和简洁。数组的定义规则如下：

数据类型 数组名称[数组元素个数]；

例如定义一个具有 10 个元素的一维数组可以这样来写：int number[10]；对这个数组进行赋值可以这样操作：

number[10] = {1，2，3，4，5，6，7，8，9，10}；

当需要访问或读取数组中的元素时，表示方式为：

数组名称[元素下标]

元素下标即是元素在数组中的位置。例如需将上述 number 数组中的第 7 个元素“7”减去 5 后赋值给 val 变量的表达式如下：

int val = number[7]－5；

值得注意的是，元素下标可以是一个变量，这尤其适合循环处理数据操作。

5. 函　数

函数，function，是 C 语言中为实现某一特定功能而建立的代码集合。函数的定义如下：

返回值类型　函数名（输入参数 1，输入参数 2，……输入参数 n）{函数代码}

其中，返回值类型是指函数执行完毕后返回的数据的类型，用 return 关键字返回调用该函数的语句。函数可以没有返回值，这时，返回值类型用关键字 void 表示。函数名的定义比较随意，但推荐用具有实际功能意义的名称来做函数名，会使程序结构较为清晰，当然，函数名不应与系统保留字重合。

一般函数可以被调用，例如图 2-5-14 所示程序段。

```
void loop() {
int c = add(16 , 3);
Serial.write(c);
}

int add(int a, int b){
  return a+b;
}
```

图 2-5-14　函数调用

在图 2-5-17 函数段中，有 loop 函数和 add 函数。loop 函数没有输入参数和返回值，add 函数有两个输入参数整型 a 和整型 b，并返回了 a 加 b 的值。因 a 和 b 都是整型，其和也是整型，故 add 函数的返回值类型是整型，用 int 定义。loop 函数中定义了一个整型 c，并调用 add 函数来计算 c 的值，输入参数是 16 和 3。在这句调用语句执行完毕后，add 函数会返回 16+3 的结果，即 19，并赋值给 c。

善于定义和调用函数，可以使程序简洁易读。

6. 常用库函数介绍

◆　pinMode()：pin 是引脚的意思，mode 是模式；这个函数一般用来设置数字口 0 ~ 13，设置其为输入 pinMode(3,INPUT)或输出 pinMode(4,OUTPUT)。

◆　digitalWrite()：数字输出；用于已设置为输出模式的引脚，输出高电平 digitalWrite(3,HIGH)或低电平 digitalWrite(4,LOW)。

◆　digitalRead()：数字输入；用于已设置为输入模式的引脚，读入该引脚上的高低电平信号，如 digitalRead(3)指读入 3 号数字脚上的电平信号。

◆　analogRead()：模拟量输入，模拟输入引脚为 A0 ~ A5，其测量的模拟电压范围是 0—5 V，输出等比例映射到 0 ~ 1023（其内部是 10 位 AD 转换器）。例如 analogRead(A0)输出值为 565，则 A0 脚上的电压约为：（565/1024）*5 V = 2.76 V。

◆　delay()：毫秒延时函数。例如 delay(1500)表示单片机在此延时等待 1500 ms，即 1.5 s 后再向下运行。

更多的库函数请大家在学习例程的过程中积累。

7. 程序结构

C 语言是面向过程语言，有着严格的执行流程，而这个过程就是代码运行的过程。与面向过程相对应的是面向对象编程，一般大型软件的开发都是以面向对象的方式进行，面向过程的编程适合做控制系统。典型的 C 语言是从一个 main()函数（主函数）开始运行的，一般最终会落脚到一个 while(1)函数做循环操作，或者等待中断事件。

Arduino 封装了大部分单片机的基础操作代码，将常用的编程结构简化为两段式。打开编程平台后，会自动建立具有两个函数的代码文件，第一个是 setup()函数，只运行一遍，一般是把初始化设置的相关代码都写到这里。第二个是 loop()函数，循环执行。功能性的代码一般写到 loop()函数中。除开这两大骨架结构，我们还可以自定义函数和变量，但是自定义函数的初始调用都必须在以上两个函数中执行，否则可能是无效代码。

除了函数结构，我们还要将书写代码的三种最基本结构：顺序结构、选择结构和循环结构。这三种结构组成了我们整个代码的执行方式。

1）顺序结构

顺序结构是最简单的，除开选择和循环，程序都是顺序执行的，这就是顺序结构，如图 2-5-15 所示。

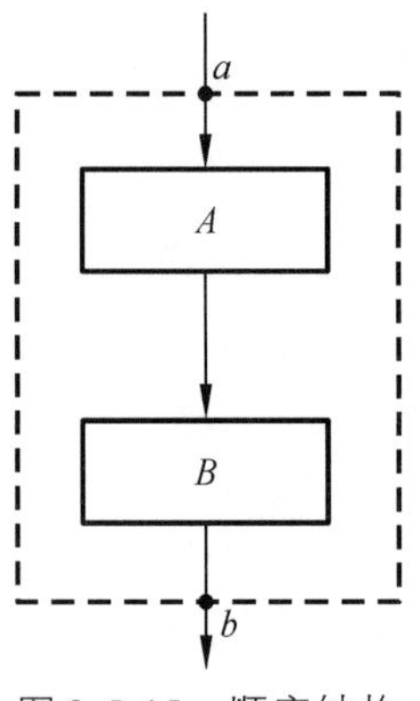

图 2-5-15　顺序结构

2）选择结构

选择结构有两种常用的略有区别的表达方式，一是 if else 选择结构，二是 switch 选择结构。图 2-5-16 所示为 if-else 选择结构。

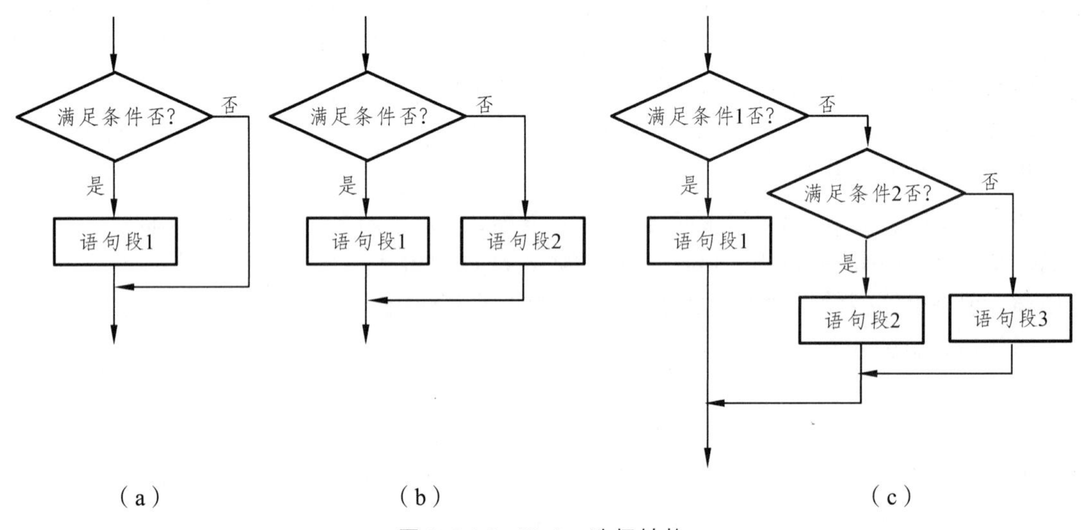

（a）　（b）　（c）

图 2-5-16　if-else 选择结构

三张图对应的选择结构代码如图 2-5-17 所示。

```
if(number>100)
{
  number = 0;
  Serial.println("Max number reached!");
  }
```

（a）

```
if(number>100)
{
  number = 0;
  Serial.println("Max number reached!");
  }
  else
  {
    Serial.println("Max number reaching!");
   }
```

（b）

```
if(number>100)
{
  number = 0;
  Serial.println("Max number reached!");
  }
  else if(number>80)
  {
    Serial.println("Big number reached!");
    }
  else
  {
    Serial.println("Big number reaching!");
    }
```

（c）

图 2-5-17　if-else 选择结构代码

仔细阅读这三段代码可以总结出这种结构的定义格式如下：

if（表达式 1）{　　代码段 1　　}
else if（表达式 2）{　　代码段 2　　}
else {　　代码段 3　　}

其中，第一行 if 语句是一定要有的，它是这种结构的基础部分。if 函数的输入条件是一个二值判断表达式，这个表达式的计算结果需是一个布尔量，即 0 或者 1，真（true）或者假（false），高（HIGH）或者低（LOW）。计算结果为 1、true、HIGH 时，程序执行 if 语句后花括号内的代码段，如果只有一行代码，也可以不要花括号而直接跟在 if 语句后边。当表达式计算结果为 0、false、LOW 时，if 后花括号内的代码段不予执行，如果其后跟有 else 语句，则执行 else 后花括号内的代码段，与之前一样，如果只有一行代码，也可以去掉花括号。

如果一个 if 语句之后还需做与其相关联的判断，并且这个判断与之前表达式 1 是对应互斥的，则在 if 语句后增加 else if 语句。其执行方式与 if 语句相同。else if 语句理论上可以无限增加，但是会降低代码的可读性和效率，一般三个以内的表达式判断用这种方式，三个以上，通常用 switch 选择结构，如图 2-5-18 所示。

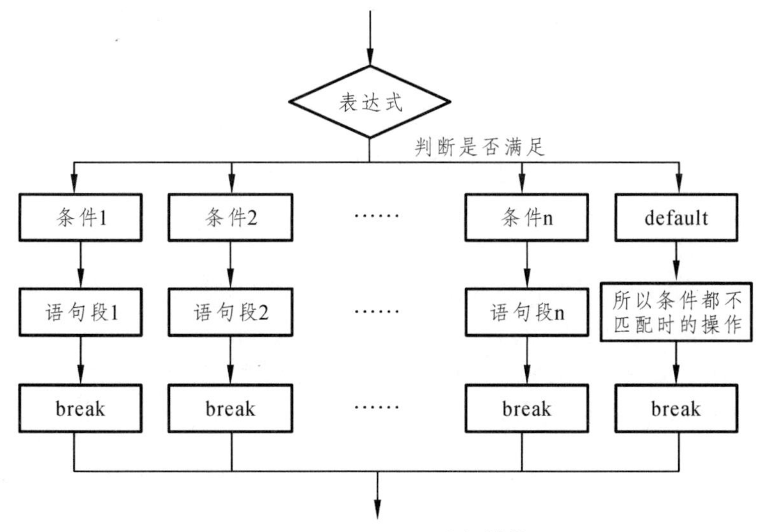

图 2-5-18　switch 选择结构

从图 2-5-18 所示的流程图看，程序执行时，先判断所给出的表达式或值是否满足条件 1 到条件 n 中的一个，如满足某条件，则执行该条件后附的语句段，然后执行 break 语句跳出 switch 选择结构。如果遍历所有条件均不满足，则执行 default 后的语句段，然后跳出。所以，switch-case 结构必须有 default 语句作为结束，哪怕 default 语句后边什么也不执行，只是单纯地跳出该结构。其代码书写在编程平台中定义如图 2-5-19 所示。

3）循环结构

循环是单片机编程中最重要的一种结构，几乎所有连续执行的单片机控制代码最终都会落脚到一个连续循环代码段上，在 Arduino 编程方式中，就是 loop 函数。

这里我们主要讲代码编写中的两个比较常用的循环结构：for 循环和 while 循环。图 2-5-20 所示为 for 循环的定义与示例。

```
switch(值或表达式)
{
  case 值1:
      代码段1;
      break;
   case 值2:
      代码段2;
      break;
      ......
   case 值n:
      代码段n;
      break;
   default:
      default的代码段;
      break;
 }
```

图 2-5-19　switch 选择结构代码

```
for(参数1;  包含参数1的表达式;  针对参数1的操作)
{
  代码段;
  }

for(int x=0; x<100; x++)
{
  Serial.write(x);         //串口发送当前x的值
  Serial.println();        //串口发送分行符
  delay(1000);             //延时1000毫秒，即1秒
  }
```

图 2-5-20　for 循环结构定义与示例代码

由图 2-5-20 可知，for 循环定义时，其输入参数的括号内有三个对象，用分号隔开。第一个对象为一个参数，第二个对象为一个二值表达式，即其计算结果应该是一个布尔量，第三个对象是对于所给出参数的一个操作，通常为递增或递减。可以这样用语言来描述 for 循环：针对给定的参数 1，如果包含参数 1 的表达式结果为真，则进行针对参数 1 的操作，然后执行花括号内的代码段，完成后回到 for 循环起点，再依次进行上述操作，其间，若检测包含参数 1 的表达式结果为假，则退出循环。

图 2-5-20 中下半部分的示例代码在执行时，先定义一个参数 x，并赋予初始值 0，然后检查 x 是否小于 100，如果小于，则 x 加 1，然后完成代码段操作：先发送 x 的值，然后发送分行符，最后延时 1 s。执行完毕后进入下一个循环，重复之前的操作，直到 100 s 后 x 累加到 100 才退出循环。

图 2-5-21 所示为 while 循环的定义与示例。

```
while(表达式)
{
  代码段;
  }

int x=0;
while(x<100)
{
  Serial.write(x);          //串口发送当前x的值
  Serial.println();         //串口发送分行符
  delay(1000);              //延时1000毫秒，即1秒
  x=x+1;
  }
```

图 2-5-21　while 循环的定义与示例

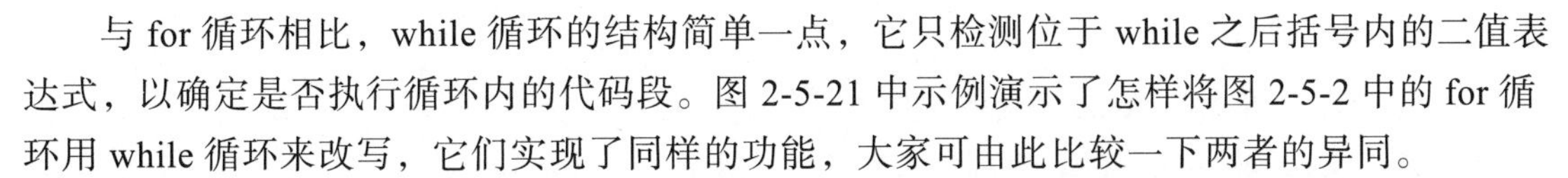

与 for 循环相比，while 循环的结构简单一点，它只检测位于 while 之后括号内的二值表达式，以确定是否执行循环内的代码段。图 2-5-21 中示例演示了怎样将图 2-5-2 中的 for 循环用 while 循环来改写，它们实现了同样的功能，大家可由此比较一下两者的异同。

一般来说，for 循环适合计数类的循环操作，而 while 循环更适合检测某个条件是否为真来作为循环执行依据的情形。大家在后边的实验中可以明显地感知到二者的区别。

2.5.7　实验一：串口通信“HELLO WORLD!”

1. 实验目的

① 了解 Arduino 编程平台的基本操作。

② 熟悉 C 语言的编写与编译。

③ 了解串口通信的基本原理与步骤。

2. 实验准备与电路连接原理图

① 安装了最新版本的 Arduino 编程平台的计算机。

② 一块完好的 Arduino UNO 板。

③ 一连接 UNO 板的 USB 线。

④ 电路连接原理如图 2-5-22 所示。

图 2-5-22　实验一电路连接示意

3. 参考代码

```
void setup()
{
  Serial.begin(9600);                          //设定串口波特率为 9600
}

void loop()
{
  Serial.println("HELLO WORLD!");              //串口输出 HELLO WORLD!
  delay(1000);                                 //延时 1 s
}
```

4. 实验原理与步骤

① 打开计算机上的 Arduino 编程平台软件。

② 用 USB 线将 Arduino UNO 板连接到计算机上。

③ 点击菜单栏的“工具”选项卡，选择新连接的 UNO 板的串口号码，如图 2-5-23 所示。

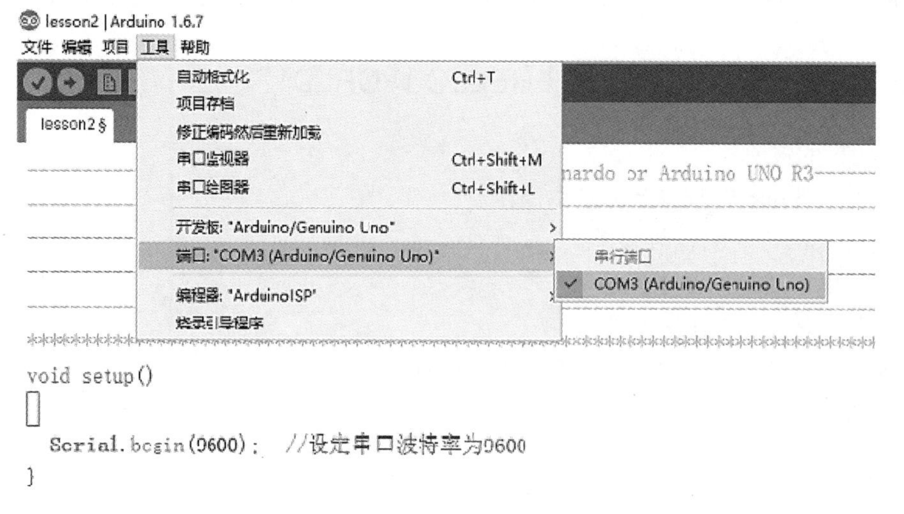

图 2-5-23 选择端口号

④ 在代码编辑栏输入参考代码。

⑤ 点击菜单栏上的箭头符号编译下载程序，如图 2-5-24 所示。

⑥ 点击菜单栏放大镜图标，启动串口观测器，与 UNO 板实现串口通信，如图 2-5-25 所示。

图 2-5-24 编译并下载程序

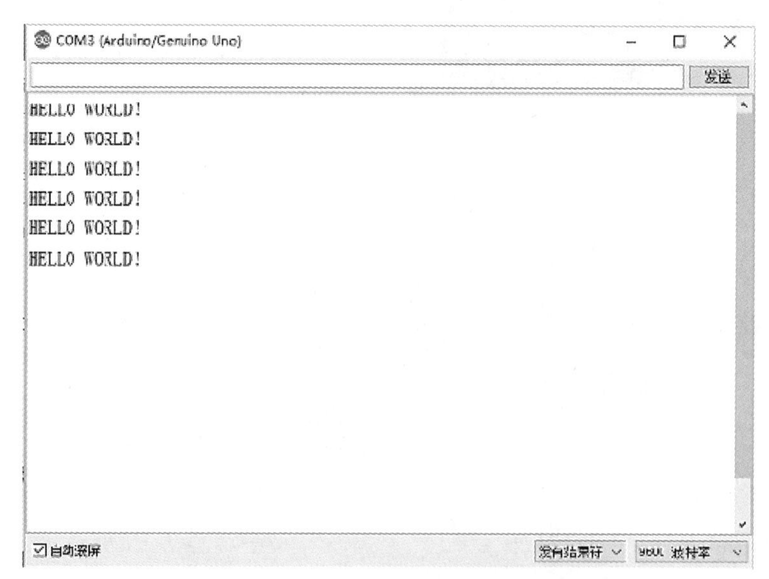

图 2-5-25 串口观测器接收 UNO 的信息

5. 思路扩展

① 请尝试改变波特率和发送内容，考虑此时应如何设置才能实现成功通信。

② 请打开 Arduino 文件项下的示例目录，学习串口通信的其他例子。

③ 由于没有单步调试功能，串口通信可在调试程序时发挥一定的作用。编程过程中在特定位置设定特定的发送内容，则可以看着接收的信息确定程序运行到哪里了。

2.5.8　实验二：模拟量输入与 PWM 调光实验

1. 实验目的

① 了解模拟电压采集的方法。

② 了解 PWM 脉宽调制信号的原理与作用。

③ 熟悉 LED 发光二极管的使用。

④ 熟悉面包板的使用。

2. 实验准备与电路连接原理图

① Arduino UNO 板与下载线。

② 面包板。

③ LED 发光二极管一只。

④ 100 kΩ 可变电阻一只。

⑤ 500 Ω 常规电阻一只。

⑥ 电路连接原理如图 2-5-26 所示。

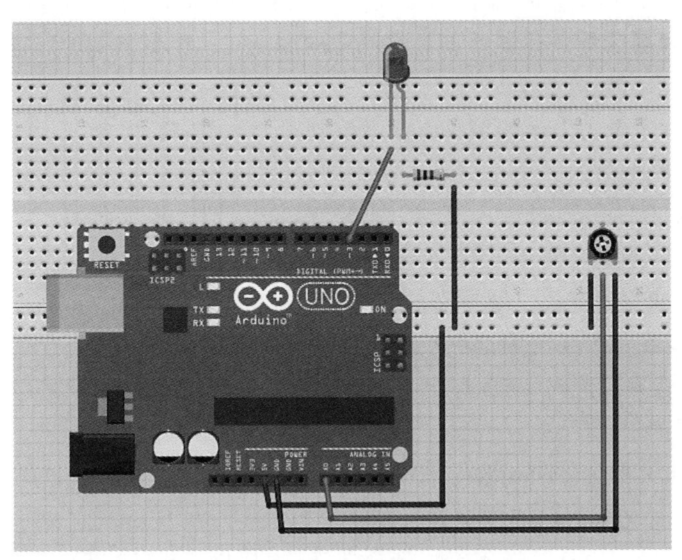

图 2-5-26　实验二电路连接原理

3. 参考代码

```
#define Pot A0                          //宏定义，以 Pot 来表示 A0 引脚
```

```
#define LED 3                        //宏定义，以 LED 来表示 3 号数字引脚

int PotBuffer  =  0;                 //定义缓存值

void setup()
{
  pinMode(LED,OUTPUT);               //设置 LED 引脚为输出模式
}

void loop()
{
  PotBuffer = analogRead(Pot);       //读取 AD 采集的电压值
  PotBuffer = map(PotBuffer,0,1023,0,255);//把 AD 值 0-1023  缩放为  0-255
  analogWrite(LED,PotBuffer);        //PWM 调光，输出 PWM，占空比为 PotBuffer/255
}
```

4. 实验原理与步骤

三脚可变电阻在本实验中担任电位器角色，它的两端接电源，可变端则输出一个分压信号，其电压值正比于可变端的电阻值。此电压信号由 Arduino 的 A0 口采集后送给 AD（模数）转换器，将其量化为数字量。例如，将可变电阻阻值调至 55.2 kΩ 位置，则其输出电压约为 55.2 kΩ/100 kΩ*5 V = 2.76 V，经过 AD 转换后，输出值为 2.76 V/5 V*1024 = 565。然后将该值等比例缩放到 0 ~ 255 的范围（因为 PWM 输出寄存器是 8 位的），作为 PWM 输出的参数。

PWM 是脉宽调制信号，其主要参数有固定的周期 T，和高电平的脉冲宽度 T1，可转换成占空比。其波形示意如图 2-5-27 所示。

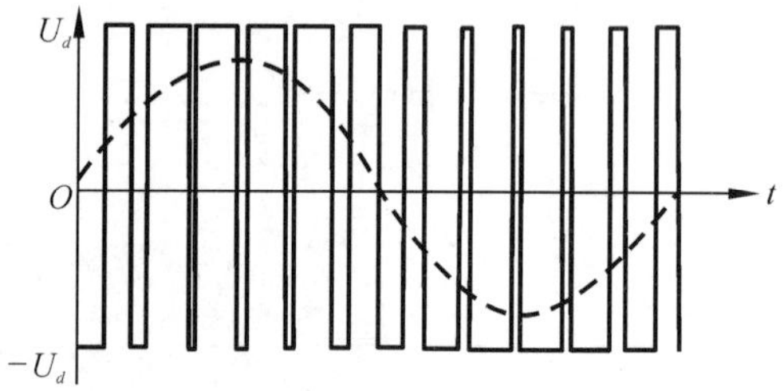

PWM 广泛运用于电力电子领域，也是微控制器的数字量转换为模拟量的一个桥梁。本实验中，PWM 为单极性 1 000 Hz，通过输入值的大小控制每个周期的高电平脉冲宽度使得 LED 得电点亮，由于点亮时间与脉冲宽度有关，脉冲宽的信号会使得 LED 点亮时间在每个周期内都更长，再由视觉暂留效应，我们会发现此时 LED 灯更亮一些，反之则更暗。由此实现 LED 灯的亮度控制。

图 2-5-27　将正弦波形调制为 PWM 信号示意

实验步骤如下：

① 打开计算机上的 Arduino 编程平台软件。

② 用 USB 线将 Arduino UNO 板连接到计算机上。

③ 点击菜单栏的“工具”选项卡，选择新连接的 UNO 板的串口号码。

④ 在代码编辑栏输入参考代码。

⑤ 点击菜单栏上的箭头符号编译下载程序。

⑥ 用小螺丝刀旋转可变电阻，观察 LED 灯的亮暗程度。

5. 思路扩展

① 请尝试将 A0 口测取的电压信号还原成电压值，通过串口发送到计算机，并用万用表实际测量 A0 口电压，看看是否一致。

② 请尝试用计算机串口发送控制命令，来点亮或关闭 LED 灯，并考虑如何用通信的方式实现 LED 亮度控制。

③ 如有条件，请找一台示波器，查看一下 LED 引脚的电压波形，旋转可变电阻，观察波形的变化。

2.5.9　实验三：基于 DHT11 模块的温湿度采集

1. 实验目的

① 了解温度和湿度的测量方法。

② 了解库文件的使用。

③ 熟悉传感器的使用。

2. 实验准备与电路连接原理图

① Arduino UNO 板与下载线。

② DHT11 温湿度模块。

③ 下载 DHT11 的库文件和头文件，即 DHT11.cpp 和 DHT11.h。

④ 电路连接原理如图 2-5-28 所示。

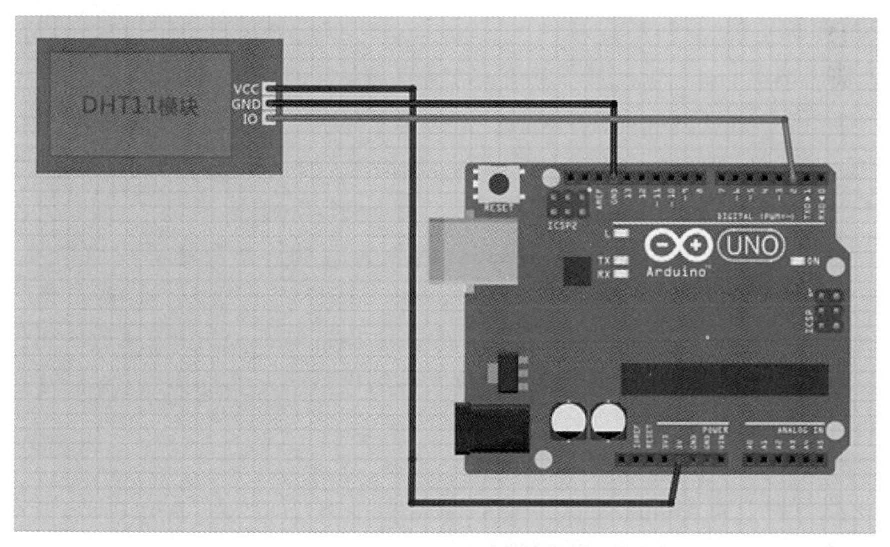

图 2-5-28　实验三电路连接原理

3. 参考代码

```
#include <Arduino.h>
#include "DHT11.h"                    //调用 DHT11 的库文件
```

```
DHT11 myDHT11(2);                  //定义 2 号数字引脚为 DHT11 的数据传输口

void setup()                       //初始化设置程序，只在开机时运行一次
{
    Serial.begin(9600);            //设置串口通讯的波特率为 9600bps
    Serial.println("Temperature & humidity sensor test!");     //串口发送
}

void loop()                        //主程序部分,循环运行
{
    myDHT11.DHT11_Read();          //读取温湿度值
    Serial.print("HUMI = ");       //显示湿度
    Serial.print(myDHT11.HUMI_Buffer_Int);
    Serial.println(" %RH");
    Serial.print("TMEP = ");       //显示温度
    Serial.print(myDHT11.TEM_Buffer_Int);
    Serial.println(" C");
    delay(1000);                   //延时 1 s 后继续下一个采集循环
}
```

4. 实验原理与步骤

所谓 C 语言的库文件，其实是一组预先编译好的函数的集合，一般针对某一特定功能或特定器件的使用编制相关的标准调用函数，通过头文件引入应用程序，标准器件的库文件，就类似它的驱动一样，我们在主程序中可以直接调用库文件的函数来访问、驱动和控制器件。采用库文件的方式可以使主程序结构清晰明了，便于阅读和修改。

在本实验中，与温湿度传感器 DHT11 的相关的通信和控制函数段被放到库文件 DHT11.cpp 中，然后在主程序中通过声明“#include "DHT11.h"”，让编译器知道，这段程序包含头文件 DHT11.h，而该头文件中又包含了库文件 DHT11.cpp 的所有函数声明，所以由此将库文件引入主程序中，对于编译器而言，库文件的代码已经和主程序放到一起了，所以我们可以在主程序中随意调用库文件的函数。

实验步骤如下：

① 打开计算机上的 Arduino 编程平台软件。

② 用 USB 线将 Arduino UNO 板连接到计算机上,并用杜邦线如图 2-5-28 所示连接硬件电路。

③ 点击菜单栏的“工具”选项卡，选择新连接的 UNO 板的串口号码。

④ 在代码编辑栏输入参考代码。

⑤ 点击菜单栏上的箭头符号编译下载程序。

⑥ 打开 Arduino 编程平台的串口监视器，查看获得了哪些输出信息。

5. 思路扩展

① 思考一下，在测取到温度和湿度之后，可以在这套系统上增加什么模块，使其成为一个有实际用途的物品。

② 学有余力的同学，可以打开库文件看看里边的功能函数都做了什么操作，并可结合 DHT11 的芯片手册，思考一下这些功能函数为什么要如此操作，这样的库文件结构能给你什么启示。

2.5.10　实验四：用 Arduino 控制舵机

1. 实验目的

① 了解舵机的工作原理。
② 了解舵机的功能与使用场景。
③ 熟悉库文件的使用。

2. 实验准备与电路连接原理图

① Arduino UNO 板与下载线。
② 100 kΩ 可变电阻一只。
③ 9 克舵机一个。
④ 电路连接原理如图 2-5-29 所示。

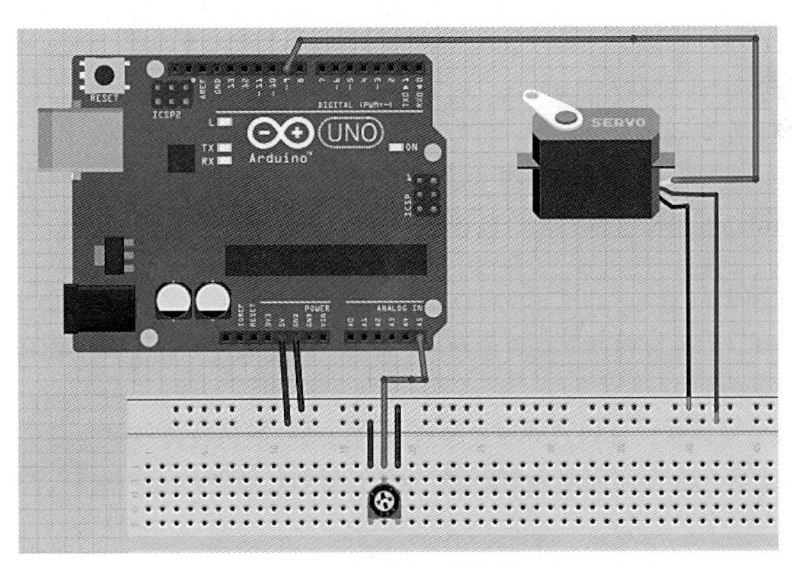

图 2-5-29　实验四电路连接原理

3. 参考代码

```
#include <Servo.h>      //引入舵机库文件
Servo myservo;          // 创建一个伺服电机（舵机）对象
#define potpin   A5     // 设定采集可变电阻分压的模拟引脚
```

```
int val;                    // 创建一个变量，用于储存从模拟端口读取的值（0--1023）
void setup()
{
  myservo.attach(9);     // 定义 9 号引脚输出舵机控制信号（只能用有“~”标识的 PWM 引脚）
}

void loop()
{
  val = analogRead(potpin); // 读取来自可变电阻分压的模拟值（0--1023）
  val = map(val,0,1023,0,179);    // 利用“map”函数缩放该值，得到舵机对应的角度（0 到 180°之间）
  myservo.write(val);    // 写入舵机的位置信号
  delay(15);                   // 等待舵机旋转到目标角度
}
```

4. 实验原理与步骤

实验步骤如下：

① 打开计算机上的 Arduino 编程平台软件。

② 用 USB 线将 Arduino UNO 板连接到计算机上，并用杜邦线如图 2-5-29 所示连接硬件电路。

③ 点击菜单栏的“工具”选项卡，选择新连接的 UNO 板的串口号码。

④ 在代码编辑栏输入参考代码。

⑤ 点击菜单栏上的箭头符号编译下载程序。

⑥ 打开 Arduino 编程平台的串口监视器，查看获得了哪些输出信息。

5. 思路扩展

① 思考一下，在测取到温度和湿度之后，可以在这套系统上增加什么模块，使其成为一个有实际用途的物品。

② 学有余力的同学，可以打开库文件看看里边的功能函数都做了什么操作，并可结合 DHT11 的芯片手册，思考一下这些功能函数为什么要如此操作，这样的库文件结构能给你什么启示。

第3章 赛课融合课程模式建设

3.1 赛课融合课程建设的意义与目的

赛课融合是指将课程体系建设和竞赛活动相结合，通过竞赛活动来促进课程建设，通过融入竞赛元素创新课程内容，从而起到提高学习效果的作用。这种教学方式能够有效激发学生的学习兴趣和动力，培养学生的实践能力和创新精神，提高课程的创新和难度。

在赛课融合的教学过程中，教师可以将课程知识点与竞赛内容相结合，通过竞赛的形式引导学生自主学习、自主探究，从而加深对知识点的理解和掌握。同时，教师还可以通过竞赛活动来评价学生的学习成果，借鉴竞赛评分细则制定课程评分标准，及时发现学生的不足之处，有针对性地进行辅导和指导。

赛课融合的教学方式具有诸多优点，竞赛往往具有挑战性、趣味性和创新性，能够激发学生的求胜心和求知欲，从而促使学生更加积极主动地参与到实践课程的学习中来，也有利于培养学生的实践能力、创新精神和解决实际工程问题的能力，赛课融合的教学方式强调学生的实践操作和创新思维，要求学生通过实际操作和实践经验来发现问题、分析问题和解决问题，有利于培养学生的实践能力和创新精神，同时赛课融合也能够激发学生的团队合作意识和交流能力，在模拟竞赛的实践课程中，学生需要组成团队进行合作和交流，共同完成任务或解决问题。赛课融合的探索大大提升了教师的教学水平和专业素养，首先教师要重新设计课程教学大纲、教学内容、教学模式，将课程知识点、内容与竞赛内容相结合，借鉴竞赛题目和任务，调整难度，设计出符合实践课程的教学内容，这对教师的教学水平和专业素养提出了更高的要求，极大促进了教师的专业成长。当前赛课融合模式是一种新颖的实践教学模式，也是一种富有创意和实效的教学方式，能够提高课程教学质量和学生的学习效果，非常值得各高校的工程训练中心广泛地推广和应用。

通过多年的教学经验及指导学生参赛的经验，这里总结一下在探索赛课融合的过程中一些心得。首先要各位实践教师要明确教学目标，确保竞赛内容与课程知识点紧密相关，从而更好地引导学生进行学习和探究。其次教师可以根据课程内容和知识点，设计多样化的竞赛形式，如知识竞赛、技能竞赛、创新竞赛等，可以充分利用各种教学资源，如多媒体、实验设备、网络资源等，更好地辅助学生进行学习和探究，激发学生的学习兴趣和动力。实践课程中学生都是通过团队协作来完成课程任务，教师需要根据学生的实际情况进行合理分组，确保每个团队成员都能够发挥自己的优势和特长，共同完成任务或解决问题，同时也要有效避免个别学生不作为的情况发生，引导学生自行解决团队中发生的矛盾。在教学评价环节中，教师需要及时对学生的学习成果进行评价和反馈，及时发现学生的不足之处，并给予有针对性的指导和帮助。教师在实施过程中注重培养学生的综合素质，如团队合作、沟通交流、创新思维等，也要注重学生的实际情况和个性化需求，不断调整和改进教学方式。赛课融合是一种富有创意和实效的教学方式，这种模式能够提高课程教学质量和学生的学习效果，相比传统教学模式能够更好地促进学生的学习和发展。

在教学过程中，教师也要注意同以往课程的区别。该模式以学生为主导，教师所扮演的角色既是服务员、引导员，同时也是管理员和评价员。因此，教师在赛课融合的教学过程中，需要与学生建立良好的关系，了解学生的需求和困惑，从而更好地引导学生进行学习和探究。教师需要创设良好的学习氛围，如鼓励学生的自主探究和学习，营造积极向上的学习氛围，从而激发学生的学习兴趣和动力。教师既要注重培养学生的自主学习能力，引导学生掌握正确的学习方法和技巧，促进学生的学习和发展，也要注重学生的个性发展，尊重学生的差异和特点，满足学生的个性化需求。在教学过程中教师可以利用现代技术手段，如人工智能、大数据等，对学生的学习情况进行跟踪和分析，指导学生的学习和探究。通过建立多元化的评价机制，客观的给予学生的知识技能评价和学生的综合素质评价，更好地促进学生的全面发展。教师在设计赛课融合活动时，需要合理安排时间，确保学生有足够的时间进行学习和探究，同时也避免时间过于紧张导致学生无法完成任务。教师要注重学生的参与度，激发学生的学习兴趣和动力，鼓励每个学生都积极参与到学习和竞赛中来，不断激发学生的创新思维，引导学生从多个角度思考问题。

将竞赛内容和课程结合可以通过以下步骤实现，首先就是要确定竞赛主题和课程目标，这样可以帮助学生更好地理解和应用所学知识。再根据课程内容，制订详细的融入计划，包括竞赛内容的引入、讲解、练习和总结等环节。在适当的时机引入竞赛内容，如数学建模竞赛、编程竞赛等，可以帮助学生更好地理解相关概念和方法。特别对于工训课程，可以将竞赛的项目作品降低难度后作为课程的工程训练作品，提高训练的难度。教师要对引入的竞赛内容进行深入的讲解和练习，让学生掌握相关的知识和技能，同时也可以提高学生竞赛水平。

在课程结束时，对竞赛内容进行总结归纳，让学生更好地理解和掌握相关知识和技能。当然教师自身也要根据学生的反馈和表现，不断改进融入计划和方法，提高教学效果和竞赛水平。需要注意的是，在将竞赛内容和课程结合时，要避免过度强调竞赛内容而忽略课程本身的教学目标，同时也要考虑学生的实际情况和能力水平，适当调整教学计划和方法。除了在课程中引入竞赛内容，还可以为学生创造实践机会，让他们在实际操作中提高技能和经验，例如，可以组织课程设计、实验、项目等活动，让学生运用所学知识解决实际问题。为了让学生更好地适应竞赛环境，可以在课程中加入竞赛模拟环节。通过模拟竞赛，学生可以熟悉竞赛规则、题型和解题方法，提高竞赛应对能力。教师要激发学生的学习和竞赛热情，可以建立奖励机制，对在课程中表现优秀的学生给予一定的奖励，或者推荐他们参加更高级别的竞赛。在将竞赛内容和课程结合的过程中，教师的指导作用至关重要，教师需要了解竞赛内容和规则，同时也要具备相关的教学经验和能力，以便更好地引导学生学习和实践，在教学过程中发现优秀的学生，要积极引导并培养其参加各类大学生竞赛。现在入围大学生竞赛白名单的赛事多达五十多项，教师在设计课程内容的时候，可以尝试将不同学科的竞赛内容进行整合，以帮助学生更好地理解和应用相关知识。例如，可以将数学建模竞赛和物理、化学等学科的知识相结合，让学生在实际问题中综合运用所学知识。

3.2　教学总体设计

3.2.1　课程建设背景

课程以全国教育大会、全国高校思想政治工作会议精神、党中央关于深化教育教学改革部署要求为引领，围绕学校“以学生为根、以育人为本、以学者为要、以学术为魂、以责任为重”的办学理念，构建“价值塑造、能力培养、知识传授”人才培养体系，发挥学校工程教育优势，在培养学生系统性、实践性与创新性综合能力的同时，将课程思政育人、劳动育人贯穿课程全过程。

以学科竞赛为导向，利用工程训练创新空间，整合实验实践与学生竞赛、创新活动等资源，实施赛课结合的教学模式，培养学生的工程创新能力。以中国大学生工程实践与创新能力大赛的物流搬运机器人赛项作为课程载体的方式，为学生提供多样化、可自主选择的创新创业项目，在尊重学生兴趣爱好及实际专业能力的基础上，通过实践、合作、开放、分享、融合的创新教学，激发学生的创新思维，强化学生的创新意识，提高学生的创新能力。帮助学生获得从“想法”到“现实”的习惯和勇气，并鼓励学生完成课程后参加学科竞赛。

3.2.2　能力培养体系

课程在培养学生专业知识和创新能力的同时，注重学生人文素质、创新意识和劳动意识的培养；将从学生基础能力搭建、创新能力培养和综合能力拔高的能力培养目标深层次开展教学，具体如表 3-2-1 所示。

表 3-2-1　能力培养体系

<table>
<tr><th>序号</th><th>目标点</th><th>主要涉及教学内容</th><th>预期培养成效</th></tr>
<tr><td>1</td><td>家国情怀</td><td>新能源发展概述，国家大国工匠典型案例分析</td><td rowspan="6">培养学生精益求精、刻苦钻研的精神，培养学生的家国情怀创新思维训练、工程实践能力的训练项目管理方法、团队磨合与协作了解时事发展，培养掌握前沿技术能力和素质掌握常用制造类工具，设备使用全面提升工程实践能力，掌握学科基础知识，为就业打下基础</td></tr>
<tr><td>2</td><td>创新精神</td><td>智能控制算法、传动结构设计典型机械结构设计</td></tr>
<tr><td>3</td><td>团队合作</td><td>以项目式开展，小组分工合作，协同发展</td></tr>
<tr><td>4</td><td>全球视野</td><td>查阅文献，研究新能源当下全球发展趋势，掌握最新发展动态</td></tr>
<tr><td>5</td><td>劳动教育</td><td>典型零部件制作过程，零部件的加工、装配电子电路设计</td></tr>
<tr><td>6</td><td>追求卓越</td><td>多学科交叉融合，电子、机械软件控制有效结合，全面发展</td></tr>
</table>

3.2.3 课程涉及学科与专业

机械、电子、航空航天、材料、自动化、机器人和计算机等专业学科。

3.2.4 课程基本信息

课程名称：物流搬运机器人创新实践课程——Arduino 版。
课程任务：基于大学生工程实践与创新能力大赛“智能+”赛项——搬运小车（见图 3-2-1）。
课程类别：创新实践课。
开课年级：大二。
开课学期：不限。
班级人数：40 人（4 ~ 5 人/组，共 8 ~ 10 组）。
课时数：16 课时。

图 3-2-1 搬运小车

3.2.5 课程体系架构

课程体系架构如表 3-2-2 所示。

表 3-2-2 课程体系架构

课程内容	课时	课程类型	主要内容
第一章移动机器人概述			
1.1 机器人发展	0.5	理论	1. 了解机械人的概念； 2. 介绍嵌入式机器人的历史
1.2 移动机器人行业应用	0.5	理论	1. 介绍机械人在各个领域的应用； 2. 了解移动发展现状及未来发展趋势

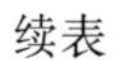

续表

课程内容	课时	课程类型	主要内容
第二章　移动机器人构成			
2.1 移动底盘设计	1.0	理论	1. 介绍移动底盘的模型； 2. 了解移动底盘的机械结构
2.2 夹爪机构的设计	1.0	理论	1. 介绍机械臂模型； 2. 完成机械臂夹爪的设计
2.3 直流电机介绍	1.0	理论	1. 介绍直流电机的优点； 2. 了解直流电机的使用； 3. 掌握直流电机的控制方法
2.4 移动机器人装配	2.0	综合训练	主要介绍物流搬运小车的装配步骤
第三章　移动机器人下位机控制			
3.0 系统接线图	0.5	理论	介绍各个控制器之间的接线
3.1 移动机器人控制器介绍	0.5	理论	1. 简单了解并介绍 Arduino mage 2560； 2. 简单了解并介绍 PCB 核心板
3.2 编程软件安装与烧录测试	1.0	自学	1. 掌握 Arduino IDE 软件安装方法,搭建编程环境； 2. Led 灯点亮
3.3 Arduino 基础语法	1.0	综合训练	1. 掌握 GPIO 逻辑关系定义； 2. 学习模拟信号和数字信号
3.4. 移动小车底盘控制	1.0	综合训练	1. 介绍移动底盘的控制方法； 2. 了解控制代码的实现； 3. 实现移动底盘的应用
3.5 机械臂抓取控制	1.0	综合训练	1. 介绍舵机的控制方法； 2. 了解控制代码的实现； 3. 实现机械臂的抓取应用
3.6 串口通信函数（发送和接收）	1.0	理论	1. 介绍串口的作用与功能； 2. 介绍串口函数的初始化； 3. 掌握串口的发送函数与接收函数
3.8 移动底盘运动分析与控制	1	综合训练	1. 掌握全向移动底盘逆结算； 2. 实现底盘 XYZ 方向移动控制实验
3.9 蓝牙模块控制	1	实践	1. 掌握蓝牙模块使用方法； 2. 手机 app 控制底盘运动
3.10　WS2812 灯环控制	1.0	实践	掌握 WS2812 灯环实现
3.11 超声波模块	0.5	实践	超声波模块使用
3.12 红外传感器	0.5	实践	红外传感器使用

续表

课程内容	课时	课程类型	主要内容
第四章　任务场景机器人调试			
4.1 任务剖析与路径规划	0.5	综合训练	1. 按照竞赛场地要求，完成小车路径设计； 2. 编写小车路径行驶代码
4.2 物流搬运机器人调试指导手册	0.5	综合训练	1. 按照设定场景编写流程程序； 2. 整机调试小车行驶
4.3 常见问题解决办法	0	自学	

日常素质工作任务如表 3-2-3 所示。

表 3-2-3　日常素质工作任务

内容及任务名称	课程类型	工作任务类型 1	工作任务类型 2
每日课后打扫团队工位	实践	素养类任务	基础任务
工程文化知识问答	理论	素养类任务	基础任务
有奖知识问答	理论	素养类任务	拓展任务
公共区域卫生打扫	实践	素养类任务	拓展任务
团队每日工作/学习日志	理实结合	技术类任务	基础任务

3.2.6　课程开展形式

课程采用线上线下混合式教学模式开展。

1. 线上教学资源

（1）所有课程内容，全部上网，线上开展；

（2）在线升级式（OTA）教学资源（教学课件、辅助视频、参考文档、参考代码、学习软件、参考图纸等所有资源）。

2. 线下创客空间——以实践动手制作为主

加工、装配、编程、调试等实践教学活动。

3.2.7　课程考核机制

课程采用考查的方式考核，既是为了检验学生对课程的学习掌握情况，帮助教师不断总结教学经验，改进教学方法与技巧；同时也是为了对学生的学习做出客观、公正、科学的评价，并引导学生明确学习方向，逐步适应学科课程的特点，最终起到夯实基础、强化能力的作用。

（1）上课期间学生因不听从指导，不按操作规程进行操作，导致重大事故（人身或设备）者，成绩按“0”分记。

（2）上课期间无故迟到或早退 3 次以上者，成绩按不及格记，具体如表 3-2-4 所示。

表 3-2-4　学生考核细则

成绩	考核/评价	分值	考核/评价细则	教学目标
100	平时上课成绩	10%	由教师根据学生平时上课表现，遵守纪律综合评定	完整的课程过程与课程质量
	众创社区考核	70%	成本分：设备加工成本，材料采购成本，技术交易成本素质分：工程知识客观知识得分，值日卫生得分技术分：机械，控制任务完成得分协作分	专业知识掌握程度，新能源小车设计、制作、调试的完整度
	设计课程报告	10%	根据学生完成课程报告，两项总分百分制，需要乘以对应百分比	课程成果展现，资料汇总，论文撰写
	答辩路演	10%	开场清晰明确，自报家门重点和亮点突出语速合理（180～220 字/min）时间分配合理与 PPT 呼应程度	团队协作、个人综合能力

3.2.8　课程特色

（1）以项目的设计、制造、调试整个过程为载体，让学生能主动学习的、自主实践的、所学知识有机联系和应用方式完成，以学生为中心，探究式学习，教学相长，师生互促互进的新路径。

（2）有个人基础任务，有团队合作任务，任务有分工、合作、协调、和谐、整合等，因此考察学生四个层面的能力：专业基础能力，实践创新能力，人际团队能力，沟通能力。

（3）总体来说，备课阶段，老师花费时间很多，但是课程结束后评价减轻了老师的工作量，课程过程，需要现场根据情况设置不同类型的任务，对教师的提出了更好的要求，避免了机械式传教，教师也需要自我学习，自我提升，不断高要求自己。

（4）评价更客观、更公平，设置赛项为相同的机械和电子指导老师，对说明书、路演等主观评价更客观。

（5）项目过程中用到的材料、设备、损耗都记录在系统中，零件、项目作品、工具等统一回收管理。传统的项目式指导，课程结束后，材料、作品归总困难，经费花了不少，但是没见到产出，只看到了过程中的热闹。经费统一管理，避免了经费的不合理使用。

（6）多种类型的任务形式丰富了老师的教学形式，为增强学生的综合素质提供了可能性。

作品配置清单如表 3-2-5 所示。

表 3-2-5　作品配置清单

序号	产品名称	型号	数量	参　数
机械器材包				
1	车体上板	5 mm	1	5 mm 厚度有机玻璃板，黑色材质
2	车体下板	5 mm	1	5 mm 厚度有机玻璃板，黑色材质
3	车体前挡板	定制	1	ABS 高强度塑料制品
4	车体后挡板	定制	1	ABS 高强度塑料制品
5	电机支架	L 形铝合金	4	铝合金材质，黑色处理，L 形，配直流 57 电机
6	直流电机	12 V	4	电机轴 6 mm、供电电压 12 V，霍尔编码电机、减速比 60rad
7	6pin 电机线	30 cm	6	6pin 公对公 2.54H 接口电机线，长度 30cm（用 4 备 2）
8	云台轴承	120 mm	1	内径 80 mm、外径 120 mm、厚度 8 mm 铝合金轴承
9	云台舵机	LDX218	1	5 V 供电旋转角度 180°，扭矩 20 kg
10	云台底座	定制	1	3D 打印 ABS 高强度塑料制品，
11	螺丝包	标准件	1	M3、M4、M2 一批
12	大臂舵机	LDX218	1	5 V 供电，旋转角度 180°，扭矩 20 kg
13	舵机连接件	铝合金	2	3 mm 铝合金
14	机械夹爪	铝合金	1	开口直径 50 mm\舵机角度 180°
15	螺丝刀套装	内六角	4	M3\M4\M5
16	套筒	M3	1	内六角螺丝配套
电子器材包				
17	电池充电器	航模电池适配	1	4 s 以内电池都可以充
18	航模锂电池	3S	1	2200 mah 3S 航模电池
19	OLED 模块	0.96 寸	2	0.96 寸显示屏
20	电机驱动	TB6612	4	H 桥电路，2 路电机控制模块
21	主控板	Arduino mage 2560	2	Arduino mage 2560 单片机
22	扩展板	FITI _I	1	电机接口 4 个、舵机接口 6 个、蓝牙接口 1 个、OLED 接口 1 个
23	下载线	USB	1	1 m
24	超声波传感器	45cm	4	有效距离 45 cm
25	蓝牙模块	5 m	3	HC04 模块
26	红外传感器	3 m	3	有效控制距离 3 m
27	线材包	FITI_O	1	杜邦线等
28	按键模块	直径 10 mm	4	有色按键模块

3.3　移动机器人概述

3.3.1　机器人概述

机器人是一种能够自主执行任务的机械设备，通常具有感知、决策和执行能力。它们可以通过人类编写的程序来执行各种任务，如工业制造、医疗保健、家庭服务、军事应用、执行危险任务等。机器人是人类多项技术融合的结晶，主要涉及机械、电子、计算机、通信技术和人工智能技术，机器人主要通过传感器和执行器与周围环境进行交互。为适应各类角色和完成不同任务，机器人的形态和功能各不相同，有些机器人可以像人类一样行走、跳跃和爬行，而另一些机器人则可以在水下、空中或太空中执行任务。机器人在现代社会中扮演着越来越重要的角色，对提高生产效率、提高居民生活质量、保障国家安全等方面都有着重要的贡献。

机器人发展是一个持续不断的领域，涵盖了技术、应用和社会等多个方面。第一个关键词是“技术进步”，随着计算机、传感器、执行器和人工智能等技术的不断进步，机器人的性能和功能得到了显著提升。例如，机器人的感知能力变得更加精确，决策和规划能力更加智能，执行任务的效率和准确性也得到了提高。在应用领域方面，机器人的应用领域越来越广泛，除了传统的工业制造和军事应用，机器人还开始涉足医疗保健、农业、教育、家庭服务、娱乐等领域。机器人在这些领域中可以提高效率、减少人力成本，并且能够应对一些危险或艰苦的任务。随着人机协作和机器人交互技术的发展，机器人不再是孤立工作的设备，而是能够与人类进行合作和交互的伙伴。机器人可以通过语音识别、自然语言处理和计算机视觉等技术与人类进行沟通和理解，从而更好地适应人类的需求。机器人的快速发展对社会产生了深远影响。一方面，机器人的广泛应用可能导致一些传统工作的消失，从而对就业市场产生影响。另一方面，机器人的出现也为人们创造了新的就业机会和经济增长点。此外，机器人的发展还引发了一系列的伦理、法律和隐私等问题，需要社会和政府进行适当的规范和管理。总的来说，机器人发展正朝着更智能、更灵活、更安全和更人性化的方向不断演进，将继续对人类社会产生重要影响。

3.3.2　机器人的发展史

嵌入式机器人的发展史可以追溯到 20 世纪 60 年代，迄今已有六七十的发展历史。下面简要介绍一下嵌入式机器人发展过程中的几个里程碑事件。

1961 年：美国麻省理工学院的沃尔特·罗伯茨（Walter Robert）教授创建了第一个可编程的嵌入式机器人，名为 Shakey。Shakey 是一个能够在室内环境中自主移动和执行任务的机器人。

1970 年：日本东京大学的研究人员开发了一款名为 WABOT-1 的嵌入式机器人。WABOT-1 是世界上第一个能够进行人机交互的嵌入式机器人，它可以听音乐、弹奏乐器和进行简单的对话。

20 世纪 80 年代：嵌入式机器人开始应用于工业自动化领域。大型制造业公司开始使用嵌入式机器人来完成重复性和危险性高的任务，如焊接、装配和搬运。

20 世纪 90 年代：随着计算机技术的快速发展，嵌入式机器人的功能和性能得到了显著提升。研究人员开始将嵌入式机器人应用于更广泛的领域，如医疗保健、农业和家庭服务。

21 世纪前 10 年：嵌入式机器人开始进入消费市场。一些公司推出了面向消费者的嵌入式机器人产品，如 iRobot 的 Roomba 扫地机器人和 ASUS 的 Zenbo 家庭助理机器人。

2010 年后：随着人工智能和机器学习技术的发展，嵌入式机器人的智能化水平大幅提高。嵌入式机器人可以通过感知、理解和学习来适应不同的环境和任务，如自动驾驶汽车和智能家居助理。

未来发展：随着科技的不断进步，嵌入式机器人的发展前景广阔。人们预计嵌入式机器人将在各个领域发挥更重要的作用，如医疗、教育、军事和娱乐等。同时，嵌入式机器人的智能化水平将继续提高，使其能够更好地与人类进行交互和合作。

3.3.3 移动机器人行业应用

移动机器人在各个行业中都有广泛的应用，常见的移动机器人行业主要应用于物流和仓储、零售和服务业、医疗保健、农业和农业机械化、建筑和施工、教育和娱乐等，下面分别简要介绍：

（1）物流和仓储：移动机器人可以在仓库和物流中心中执行货物搬运、包装和分拣等任务。它们可以通过自主导航和路径规划技术，在仓库中高效地移动，并通过机器视觉和传感器来识别和处理货物。

（2）零售和服务业：移动机器人可以在商店和酒店等场所中提供导购、接待和客户服务等功能。它们可以为顾客提供信息、引导导购、提供产品推荐，并且能够与顾客进行简单的交互。

（3）医疗保健：移动机器人在医疗保健领域中有多种应用。它们可以用于搬运和递送药品、设备和样本，协助医生和护士进行手术和治疗，以及提供监测和辅助病人护理等服务。

（4）农业和农业机械化：移动机器人可以在农田中执行种植、收割、除草和喷洒等任务。它们可以通过自主导航和传感器技术来识别和处理植物，并自动执行相应的操作，提高农业生产的效率和质量。

（5）建筑和施工：移动机器人可以在建筑工地上执行各种任务，如搬运建筑材料、清理工地和进行基础设施维护等。它们可以通过自主导航和机器视觉技术来避开障碍物，并根据工地的需求进行灵活调整。

（6）教育和娱乐：移动机器人在教育和娱乐领域中也有应用。它们可以用于教学辅助、编程教育和语言学习等方面，还可以提供娱乐和互动体验，如机器人表演、游戏和娱乐设施的操作等。

以上只是移动机器人行业应用的一部分，随着技术的进一步发展和创新，移动机器人的应用领域还将会不断扩展和深化。

3.4　移动机器人构成

3.4.1　移动底盘设计

底盘由四个 75 mm 麦克纳姆轮作为驱动轮，能够实现全向移动，如图 3-4-1 所示。搭配四个 57 直流电机，通过 PID 控制，实现移动偏差控制在 3 mm 以内。机器人全车采购碳纤维高强度复合材料，在解决机器人底盘轻量化设计的同时保证车体的强度。

1. 夹爪机构的设计

机械夹爪（见图 3-4-2）由一个舵机控制，夹爪的材质为硬质合金，质量是 128 g，可以开合的尺寸为 170 mm，负载为 600 g，可以抓取的物体>40 mm 的方形，球形等一些不规则形状的物体。通过 PWM 或串口控制，传动方式齿轮加连杆。

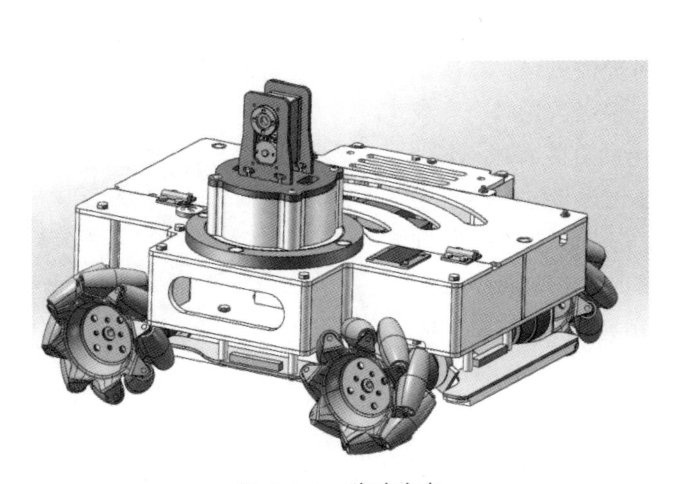

图 3-4-1　移动底盘

图 3-4-2　机械夹爪机构

2. 直流电机介绍

1）直流电机

图 3-4-3 所示为直流电机的物理模型。其中，固定部分有磁铁，这里称作主磁极；固定部分还有电刷。转动部分有环形铁心和绕在环形铁心上的绕组（其中 2 个小圆圈是为了方便表示该位置上的导体电势或电流的方向而设置的）。

它的固定部分（定子）上，装设了一对直流励磁的静止的主磁极 N 和 S，在旋转部分（转子）上装设电枢铁心。在电枢铁心上放置了两根导体连成的电枢线圈，线圈的首端和末端分别连到两个圆弧形的铜片上，此铜片称为换向片。换向片之间互相绝缘，由换向片构成的整体称为换向器。换向器固定在转轴上，换向片与转轴之间亦互相绝缘。在换向片上放置着一对固定不动的电刷 B1 和 B2，当电枢旋转时，电枢线圈通过换向片和电刷与外电路接通。

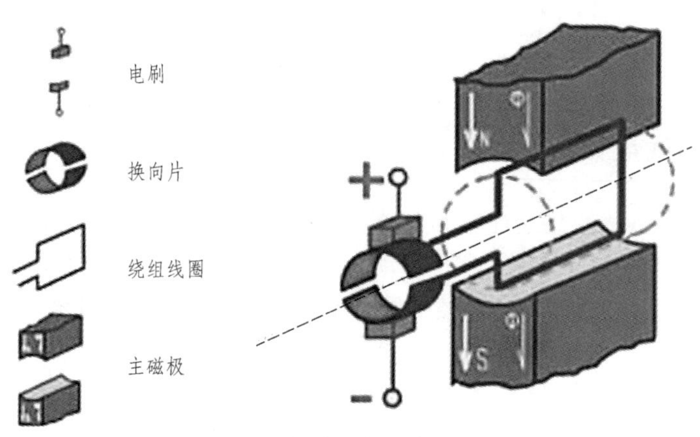

图 3-4-3 直流电机的物理模型

2）减速比

一般直流电机的转速都是一分钟几千上万转的，所以一般需要安装减速器。减速器是一种相对精密的机械零件，使用它的目的是降低转速，增加转矩。减速后的直流电机力矩增大、可控性更强。减速比是由减速器的大小齿轮啮合输出转速，多级齿轮啮合，减速比更低，扭矩更大。例如，一直流电动机装有减速器，减速器如图 3-4-4 所示，1∶100 的减速比为与电机转子连接轴的小齿轮齿数与输出主轴的大齿轮齿数之比，电机（与电机转子连接轴）转动 100 圈，输出主轴 1 圈。减速比计算公式：减速比 = 输入转速 ÷ 输出转速。GM513 电机的减速比分别有 1∶10、1∶20、1∶30、1∶60 四种。

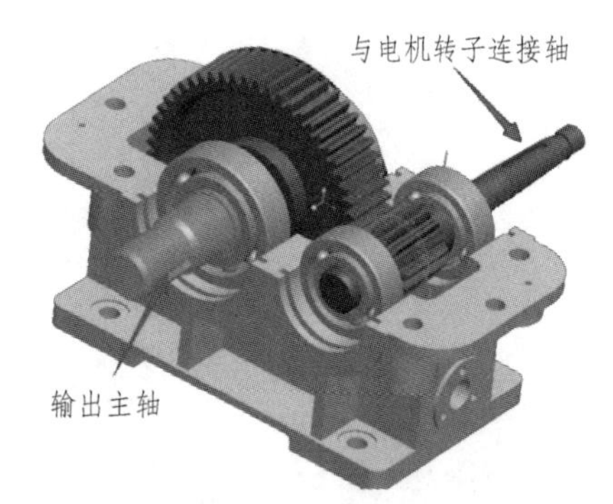

图 3-4-4 减速器示意

3）编码器简介

编码器是一种将角位移或者直线位移转换成一连串电数字脉冲的一种传感器。可以通过编码器测量电机转动的位移或者速度信息。编码器按照工作原理，可以分为增量式编码器和绝对式编码器，绝对式编码器的每一个位置对应一个确定的数字码，因此它的示值只与测量的起始和终止位置有关，而与测量的中间过程无关。我们常用的编码器为增量式编码器。从编码器检测原理上来分，还可以分为光学式、磁式、感应式、电容式。常见的是光电编码器（光学式）和霍尔编码器（磁式）。一般来说光电编码器是霍尔编码器精度的几十倍。

MG513 电机上嵌有两种不同编码器的电机，一种是 GMR 编码器的电机，一种是霍尔编码器的电机。编码器带上拉输出，默认上拉到供电 VCC 引脚，可单片机直接采集。GMR 编码器的精度是霍尔编码器的 38 倍，精度更高，测量低速时比霍尔编码器表现领先很多，并兼具有霍尔编码器的磁稳定性，一般情况下霍尔编码器也够用。

3.4.2 移动机器人装配

接下来进行硬件安装，首先进行底盘装配，装配如图 3-4-5 所示。

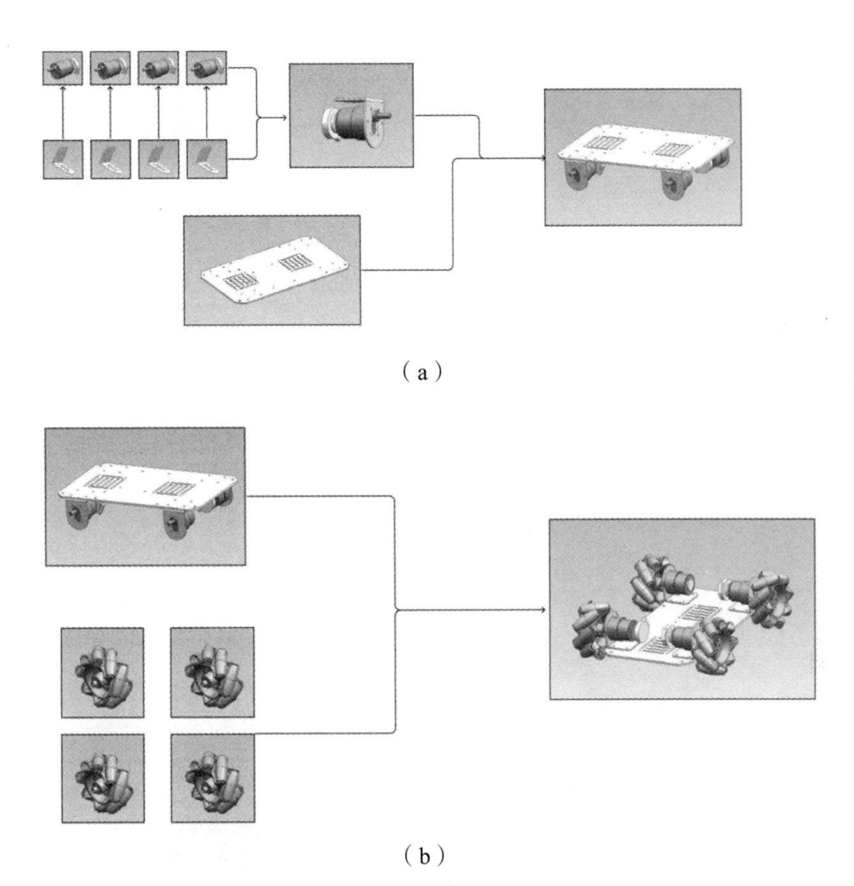

（a）

（b）

图 3-4-5　底盘装配

完成底盘安装后，进行机器人外壳的安装，装配如图 3-4-6 所示。

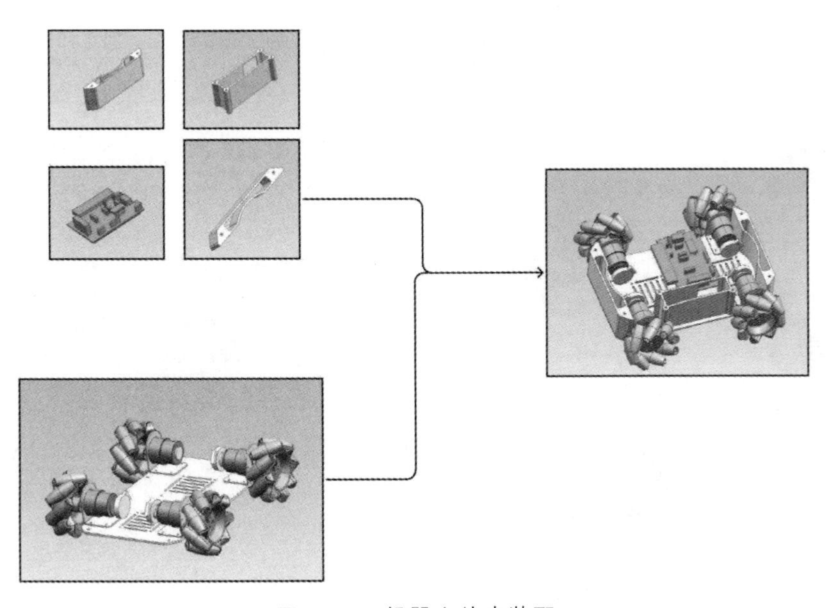

图 3-4-6　机器人外壳装配

下一步进行机械臂的安装，装配流程如图 3-4-7 所示。

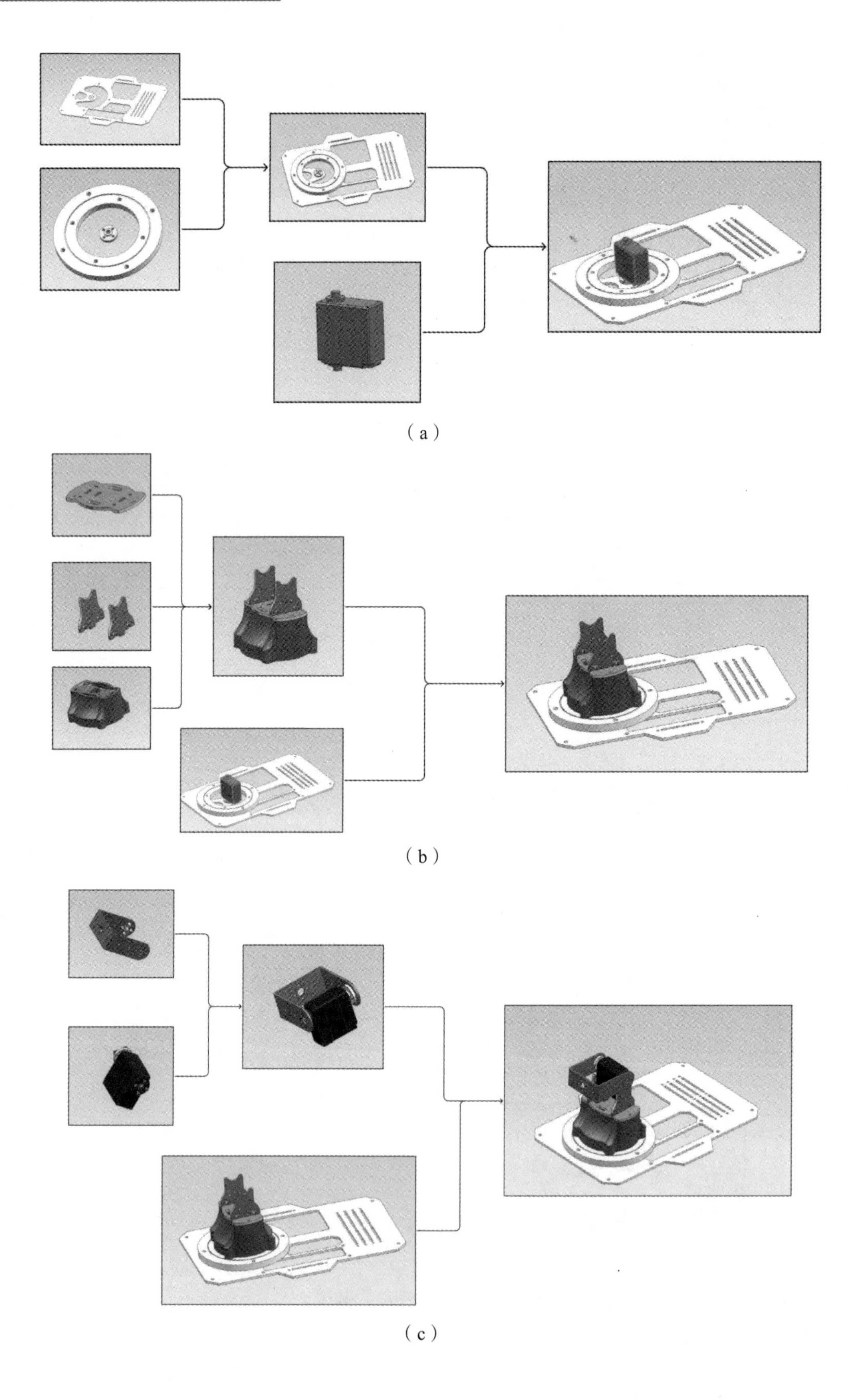

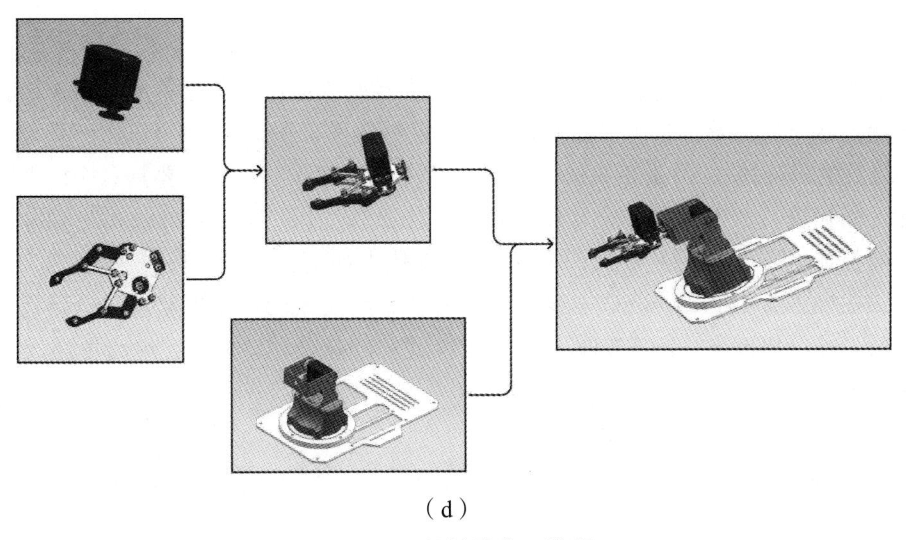

（d）

图 3-4-7　机械臂装配流程

最后进行整体安装，装配如图 3-4-8 所示。

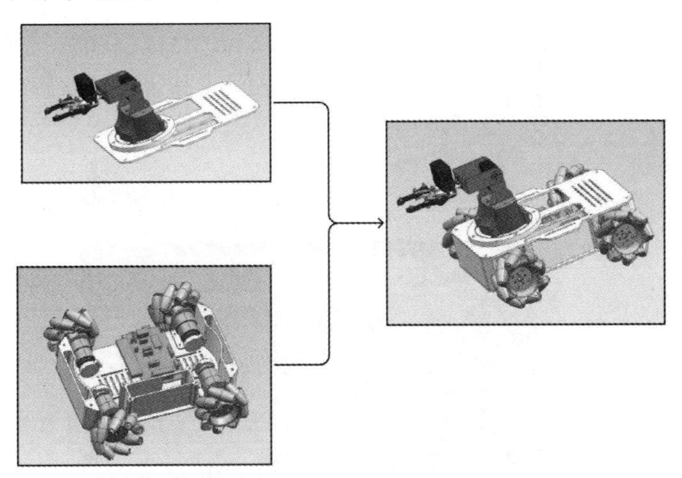

图 3-4-8　整体安装装配

3.5　移动机器人下位机控制

3.5.1　Arduino 控制基础

1. Arduino 简介

1）概　念

Arduino 是一款便捷灵活、方便上手的开源电子原型平台。在它上面可以进行简单的电路控制设计，Arduino 能够通过各种各样的传感器来感知环境，通过控制灯光、马达和其他的装置来反馈、影响环境。

2）作　用

集成电路（integrated circuit）是一种微型电子器件或部件，通过集成电路再结合一些外围的电子元器件、传感器等，可以感知环境（温度、湿度、声音），也可以影响环境（控制灯的开关、调节电机转速）。但是传统的集成电路应用比较烦琐，一般需要具有一定电子知识基础，并懂得如何进行相关的程序设计的工程师才能熟练使用，而 Arduino 的出现才使得以往高度专业的集成电路变得平易近人，Arduino 主要优点如下：

简单：在硬件方面，Arduino 本身是一款非常容易使用的印刷电路板。电路板上装有专用集成电路，并将集成电路的功能引脚引出方便我们外接使用。同时，电路板还设计有 USB 接口方便与电脑连接。

易学：只需要掌握 C/C++基本语法即可。

易用：Arduino 提供了专门的程序开发环境 Arduino IDE，可以提高程序实现效率。

当前，Arduino 已经成为全世界电子爱好者电子制作过程中的重要选项之一。

3）组　成

Arduino 体系主要包含硬件和软件两大部分。硬件部分是可以用来做电路连接的各种型号的 Arduino 电路板（图 3-5-1 为本章内容使用的 Arduino Mega 2560）；软件部分则是 Arduino IDE。只要在 IDE 中编写程序代码，将程序上传到 Arduino 电路板后，程序便会告诉 Arduino 电路板要做些什么。

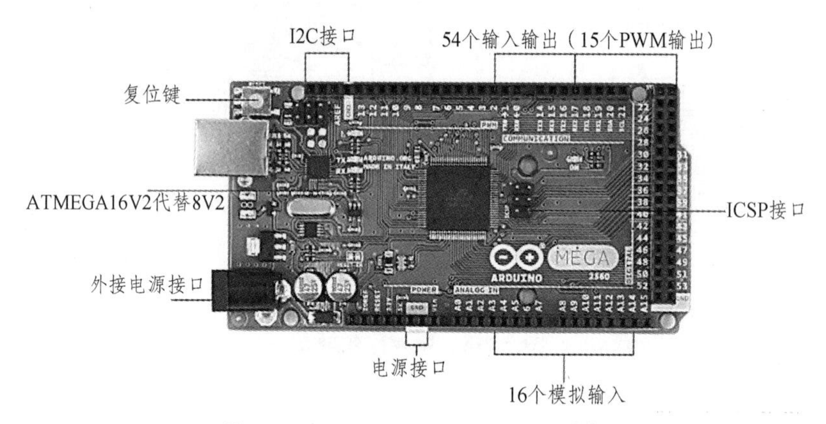

图 3-5-1　Arduino mega 2560 电路板

宏定义说明：

（1）宏名一般用大写。

（2）使用宏可提高程序的通用性和易读性，减少不一致性，减少输入错误和便于修改。

（3）预处理是在编译之前的处理，而编译工作的任务之一就是语法检查，预处理不做语法检查。

（4）宏定义末尾不加分号。

（5）宏定义写在函数的花括号外边，作用域为其后的程序，通常在文件的最开头。

（6）可以用#undef 命令终止宏定义的作用域。

（7）宏定义可以嵌套。

（8）字符串" "中永远不包含宏。

（9）宏定义不分配内存，变量定义分配内存。

3.5.2 Arduino 编程环境搭建

基于 Arduino 的开发实现，毋庸置疑地必须先要准备 Arduino 电路板（建议型号：Arduino Mega 2560），除了硬件之外，还需要准备软件环境，安装 Arduino IDE，在 Ubuntu 或者 win 下，Arduino 开发环境的搭建步骤如下：

1. 安装 Arduino IDE

（1）下载 Arduino IDE 安装包

官方网站下载，根据计算机系统选择对应版本即可。

（2）win 安装的方式，直接运行 exe 文件就可以。

（3）使用 tar 命令对压缩包解压。

```
Plaintext
//其中 arduino-1.x.y 是下载的软件包的名字
tar -xvf arduino-1.x.y-linux64.tar.xz
```

（4）将解压后的文件移动到/opt 下

```
Plaintext
//arduino-1.x.y 是软件包的名字，需要依据自己下载的修改
sudo mv arduino-1.x.y /opt
```

（5）进入安装目录，对 install.sh 添加可执行权限，并执行安装

```
Plaintext
cd /opt/arduino-1.x.y
sudo chmod +x install.sh
sudo./install.sh
```

2. 汉化并配置 Arduino IDE

如果对英文版本不是很熟悉，可以改成中文界面，方法如下：在命令行直接输入：arduino，或者点击左下的显示应用程序搜索 Arduino IDE。点击左上角“file”，找到“preferences”进去，找到“language”，更改语言为“简体中文”，如图 3-5-2 所示，更改完后点击“Ok”即可。

3. Hello World 实现

Arduino IDE 中已经内置了一些相关案例，在此，通过一个经典的控制 LED 等闪烁案例来演示 Arduino 的使用流程：

1）案例调用

案例调用如图 3-5-3 所示。

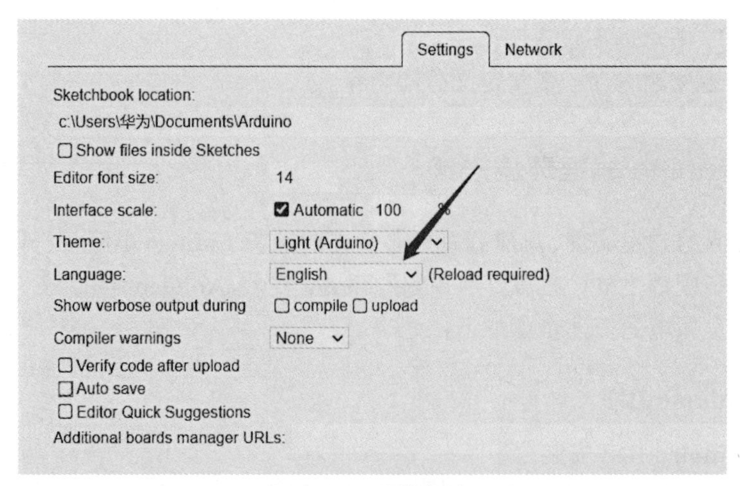

图 3-5-2　更换语言

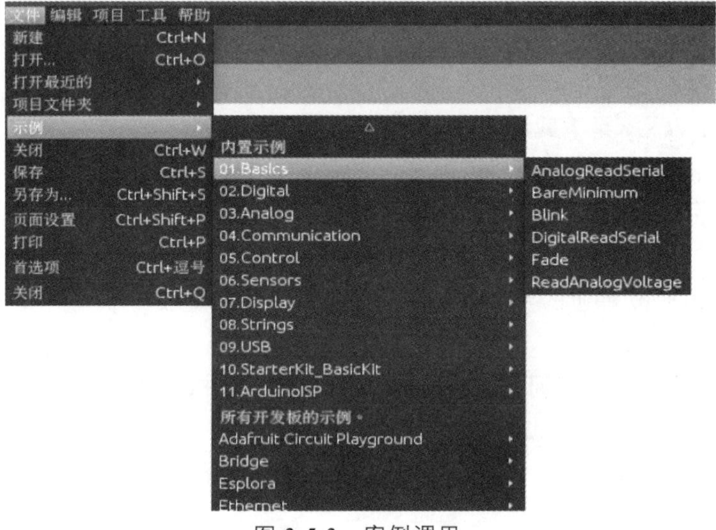

图 3-5-3　案例调用

2）编译及上传

先点击左上的“编译”按钮，可用于语法检测，编译无异常，再点击右侧的“上传”按钮，上传至 Arduino 电路板。

3）运行结果

电路板上的 LED 灯闪烁。

4）代码解释

```
C
// 初始化函数
void setup(){
  //将 LED 灯引脚（引脚值为 13，被封装为了 LED_BUTLIN）设置为输出模式
  pinMode(LED_BUILTIN,OUTPUT);
```

```
}
// 循环执行函数
void loop(){
  digitalWrite(LED_BUILTIN,HIGH);          // 打开 LED 灯
  delay(1000);                             // 休眠 1000 毫秒
  digitalWrite(LED_BUILTIN,LOW);           // 关闭 LED 灯
  delay(1000);                             // 休眠 1000 毫秒
}
```

setup 与 loop 函数是固定格式。

4. 库文件导入

在使用 Arduino 板子的时候，经常会用到一些已经编写好的第三方库文件，本案例后期会用到舵机控制板与 Arduino 板子进行串口通信，这时候就需要通过 Arduino 板子去调用一些库文件，所以需要添加库文件到 Arduino IDE 编辑器库文件中。

打开软件在上方工具栏找到“项目”——点击导入库——添加.zip 库——将上方压缩包导入进去即可，导入成功后就可以在编辑器“项目”→“包含库”查看包含进来的库。

3.6 Arduino 基础语法

3.6.1 Arduino 基本语法概述

Arduino 的语言系统在设计时参考了 C 语言、C++、Java，是一种综合性的简洁语言，语法更类似于 C++，但是不支持 C++的异常处理，没有 STL 库，可以把它当作是精简后的 C++。

Arduino 基本语法中，注释、宏定义、库文件包含、变量、函数、流程控制、类、继承、多态……都与 C++高度类似，在此不再赘述，着重要介绍的是，Arduino 中的一些 API 实现。

1. 程序结构

一个 Arduino 程序分为两大部分：setup()与 loop()函数。

- void setup()：在这个函数里初始化 Arduino 的程序，使主循环程序在开始之前设置好相关参数，初始化变量、设置针脚的输出\输入类型、设置波特率……。该函数只会在上电或重启时执行一次。
- void loop()：这是 Arduino 的主函数。这套程序会一直重复执行，直到电源被断开。

2. 常量

Arduino 中封装了一些常用常量，比如：

- HIGH | LOW（引脚电压定义）。
- INPUT|OUTPUT[数字引脚（Digital pins）定义]。
- true | false（逻辑层定义）。

3. 通信_Serial

Serial 用于 Arduino 控制板和一台计算机或其他设备之间的通信。可以使用 Arduino IDE 内置的串口监视器与 Arduino 板通信。点击工具栏上的“串口监视器”按钮，调用 begin（）函数（选择相同的波特率）。

1）Serial.begin()初始化串口波特率

- 描述：将串行数据传输速率设置为位/秒（波特）。与计算机进行通信时，可以使用这些波特率：300，1200，2400，4800，9600，14400，19200，28800，38400，57600 或 115200。当然，也可以指定其他波特率，例如，引脚 0 和 1 和一个元件进行通信，它需要一个特定的波特率。
- 语法：Serial.begin（speed）
- 参数：speed：位/秒（波特）- long
- 返回：无

2）Serial.print()从串口打印输出数据

- 需求：以人们可读的 ASCII 文本形式打印数据到串口输出。此命令可以采取多种形式。每个数字的打印输出使用的是 ASCII 字符。浮点型同样打印输出的是 ASCII 字符，保留到小数点后两位。Bytes 型则打印输出单个字符。字符和字符串原样打印输出。Serial.print()打印输出数据不换行，Serial.println()打印输出数据自动换行处理。
- 语法：Serial.print（val）
- 参数：val，打印输出的值 - 任何数据类型。
- 返回：字节 print()将返回写入的字节数，但是否使用（或读出）这个数字是可设定的。

3）Serial.println()打印输出数据自动换行处理

参考 Serial.print();

4）Serial.available()

- 描述：获取从串口读取有效的字节数（字符）。这是已经传输到，并存储在串行接收缓冲区（能够存储 64 个字节）的数据。available()继承了 Stream 类。
- 语法：Serial.available()
- 参数：无。
- 返回：可读取的字节数

5）Serial.read()

- 描述：读取传入的串口的数据。read()继承自 Stream 类。
- 语法：serial.read()
- 参数：无。

● 返回：传入的串口数据的第一个字节（或-1，如果没有可用的数据）。

4. 函数_数字 IO

1）pinMode()

● 描述：将指定的引脚配置成输出或输入。
● 语法：pinMode（pin，mode）
● 参数：pin，要设置模式的引脚；mode，INPUT 或 OUTPUT。
● 返回：无。

2）digitalWrite()

● 描述：给一个数字引脚写入 HIGH 或者 LOW。
● 语法：digitalWrite（pin，value）
● 参数：pin，引脚编号（如 1，5，10，A0，A3）；value，HIGH or LOW。
● 返回：无。

3）digitalRead()

● 描述：读取指定引脚的值，HIGH 或 LOW。
● 语法：digitalRead（PIN）
● 参数：pin，你想读取的引脚号（int）。
● 返回：HIGH 或 LOW。
● 注意：如果引脚悬空，digitalRead()会返回 HIGH 或 LOW（随机变化）

5. 函数_模拟 IO

analogWrite()PWM

● 描述：从一个引脚输出模拟值（PWM）。可用于让 LED 以不同的亮度点亮或驱动电机以不同的速度旋转。analogWrite()输出结束后，该引脚将产生一个稳定的特殊占空比方波，直到下次调用 analogWrite()（或在同一引脚调用 digitalRead()或 digitalWrite()）。PWM 信号的频率大约是 490 Hz。

● 在大多数 Arduino 板（ATmega168 或 ATmega328），只有引脚 3，5，6，9，10 和 11 可以实现该功能。在 Aduino Mega 上，引脚 2 到 13 可以实现该功能。老的 Arduino 板（ATmega8）的只有引脚 9、10、11 可以使用 analogWrite()。在使用 analogWrite()前，不需要调用 pinMode()来设置引脚为输出引脚。

● 语法：analogWrite（pin，value）

● 参数：pin，用于输入数值的引脚；value，占空比，0（完全关闭）到 255（完全打开）之间。

● 返回：无。

6. 函数_时间

1）delay()

● 描述：使程序暂定设定的时间（单位 ms，1 s = 1 000 ms）

- 语法：delay（ms）
- 参数：ms，暂停的毫秒数（unsigned long）。
- 返回：无。

2）millis()

- 描述：返回 Arduino 开发板从运行当前程序开始的毫秒数。这个数字将在约 50 天后溢出（归零）。
- 参数：无。
- 返回：返回从运行当前程序开始的毫秒数（无符号长整数）。

7. 函数_中断

1）attachInterrupt()

- 描述：当发生外部中断时，调用一个指定函数。当中断发生时，该函数会取代正在执行的程序。大多数的 Arduino 板有两个外部中断：0（数字引脚 2）和 1（数字引脚 3）。
- arduino Mege 还有其他有四个外部中断：数字 2（引脚 21），3（引脚 20），4（引脚 19），5（引脚 18）。
- 语法：attachInterrupt（interrupt，function，mode）
- interrupt：中断引脚数。
- function：中断发生时调用的函数，此函数必须不带参数和不返回任何值。该函数有时被称为中断服务程序。
- mode：定义何时发生中断以下四个 contstants 预定有效值：

LOW 当引脚为低电平时，触发中断；

CHANGE 当引脚电平发生改变时，触发中断；

RISING 当引脚由低电平变为高电平时，触发中断；

FALLING 当引脚由高电平变为低电平时，触发中断。

- 返回：无。
- 注意事项：当中断函数发生时，delay()和 millis()的数值将不会继续变化。当中断发生时，串口收到的数据可能会丢失。你应该声明一个变量来在未发生中断时储存变量。

2）noInterrupts()（禁止中断）

- 描述：禁止中断[重新使能中断 interrupts()]。中断允许在后台运行一些重要任务，默认使能中断。禁止中断时部分函数会无法工作，通信中接收到的信息也可能会丢失。
- 中断会稍影响计时代码，在某些特定的代码中也会失效。
- 参数：无。
- 返回：无。

3）interrupts()（中断）

- 描述：重新启用中断[使用 noInterrupts()命令后将被禁用]。中断允许一些重要任务在后台运行，默认状态是启用的。禁用中断后一些函数可能无法工作，并传入信息可能会被忽略。中断会稍微打乱代码的时间，但是在关键部分可以禁用中断。

- 参数：无。
- 返回：无。

Arduino 的 API 还有很多，但是受于篇幅限制，当前只是简单介绍了和本教程相关的一些 API 实现。

3.6.2　Arduino 串口通信实验

1. 通信实现（01）

需求：通过串口，由 arduino 向计算机发送数据。

实现：

```C
/*
 * 需求:通过串口,由 arduino 向计算机发送数据
 * 实现:
 * 1.setup 中设置波特率
 * 2.setup 或 loop 中使用 Serial.print 或 Serial.println()发送数据
 *
 *
 *
 */
void setup(){
 Serial.begin(57600);
 Serial.println("setup");
}
void loop(){
 delay(3000);
 Serial.print("loop");
 Serial.print(" ");
 Serial.println("hello");
}
```

2. 通信实现（02）

需求：通过串口，由计算机向 Arduino 发送数据。

实现：

```Plaintext
/*
 * 需求:通过串口,由计算机向 arduino 发送数据
```

```
 * 实现:
 * 1.setup 中设置波特率
 * 2.loop  中接收发送的数据,并打印
 *
 *
 *
 */
char num;
void setup(){
  Serial.begin(57600);
}
void loop(){
  if(Serial.available()> 0){
    num = Serial.read();
    Serial.print("I accept:");
    Serial.println(num);
  }
}
Copy
```

3.6.3 点亮 LED 实验

1. 数字 I/O 操作

需求：控制 LED 灯开关，在一个循环周期内前两秒使 LED 灯处于点亮状态，后两秒关闭 LED 灯。

实现：

```
C
/*
 * 控制 LED 灯开关,在一个循环周期内前两秒使 LED 灯处于点亮状态，后两秒关闭 LED 灯
 * 1.setup 中设置引脚为输出模式
 * 2.loop 中向引脚输出高电压，休眠 2000 毫秒后，再输出低电压，再休眠 2000 ms
 *
 */
int led = 13;
void setup(){
  Serial.begin(57600);
  pinMode(led,OUTPUT);
}
```

```
void loop(){
  digitalWrite(led,HIGH);      //输出高电压
  delay(2000);
  digitalWrite(led,LOW);       //输出低电压
  delay(2000);
}
```

2. 模拟 I/O 操作

需求：控制 LED 灯亮度。

原理：在 1 中 LED 灯只有关闭或开启两种状态，是无法控制 LED 灯亮度，如果要实现此功能，那么需要借助于 PWM（Pulse width modulation 脉冲宽度调制）技术，通过设置占空比为 LED 间歇性供电，PWM 的取值范围[0，255]。

实现：

```
C
/*
 * 需求:控制 LED 灯亮度
 * 实现:
 * 1. setup 中设置 led 灯的引脚为输出模式
 * 2. 设置不同的 PWM 并输出
 *
 */
int led = 13;
int l1 = 255;
int l2 = 50;
int l3 = 0;
void setup(){
  pinMode(led,OUTPUT);
}
void loop(){
  analogWrite(led,l1);
  delay(2000);
  analogWrite(led,l2);
  delay(2000);
  analogWrite(led,l3);
  delay(2000);
}
```

运行结果：在一个周期内 LED 灯亮度递减直至熄灭。

3.6.4 函数调用实验

需求：调用 millis()函数获取程序当前已经执行的时间，调用 delay()函数实现休眠。

实现：

```
C
/*
 * 需求:调用millis()函数获取程序当前已经执行的时间，调用delay()函数实现休眠
 *
 * 1. setup 中设置波特率
 * 2. loop 中使用delay 休眠，使用millis 获取程序执行时间并输出
 *
 */
unsigned long past_time;

void setup(){
  Serial.begin(57600);
}

void loop(){
  delay(2000);                    //休眠 2 s

  past_time = millis();
  Serial.println(past_time);
}
```

3.7 小车电机底盘控制

本节的主要任务是对物流小车的电机底盘进行控制，依据麦克科纳姆伦小车全向移动原理，参考图 3-7-1，编写全向移动函数。

3.7.1 函数概念介绍

前面介绍了 Arduino 运行的基础函数是 Void. Setup()和 void loop()两个函数。一个是初始化函数，只运行一次，一个是循环函数，一直运行。

本节需要将麦克纳姆轮的移动函数编写出来，每一个运行方式就是一个函数，然后在主函数里面调用这些函数。

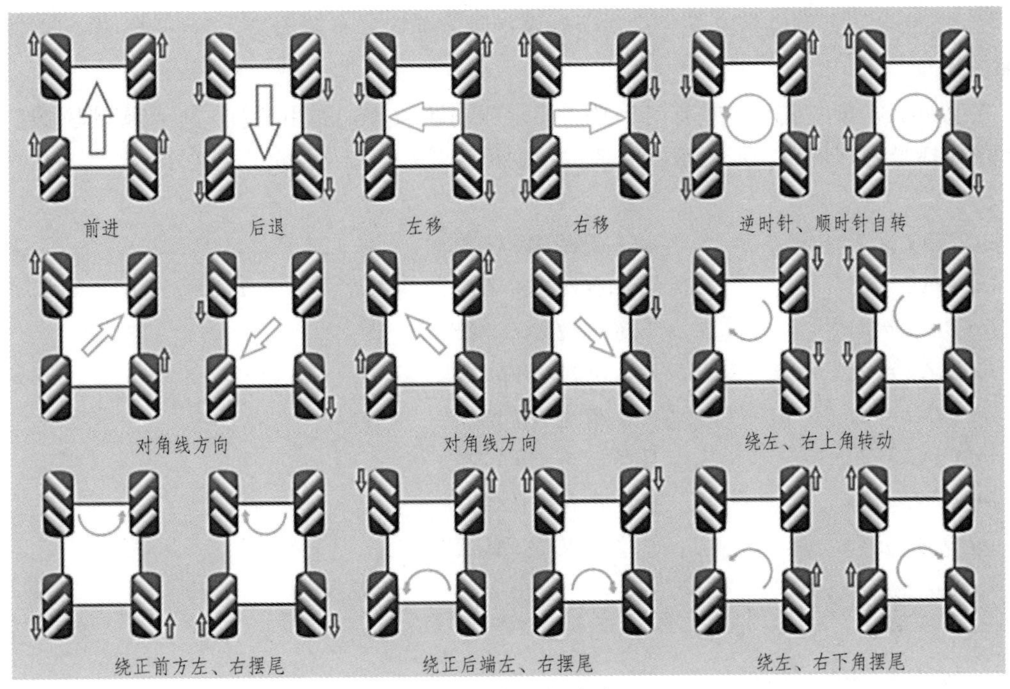

图 3-7-1　小车全向移动原理

3.7.2　以前进函数编写为例

前面测试电机时候，使用到以下代码：

```
C++
void setup(){
  // put your setup code here,to run once:
}
void loop(){
  // put your main code here,to run repeatedly:
}
```

把每个电机旋转的两个电平引脚都写在了主函数里面，如果依据麦轮小车全向移动的规则编写很多运动方式，主函数里面就会非常乱，这时候可以编写几个运动函数，将每种运动模式都写成一个函数，就很方便在主函数里面调用。

函数允许在代码段中构造程序来执行单独的任务。

创建函数的典型情况是在程序需要多次执行相同的动作时。

将代码片段标准化为函数具有几个优点：

① 函数帮助程序员保持组织性，通常有助于概念化程序。

② 函数将一个动作编码在一个地方，以便函数只需要考虑一次和调试一次。

③ 如果代码需要更改，这也减少了修改错误的概率。

④ 由于代码段被多次重复使用，函数使整个草图更小更紧凑。

⑤ 通过将代码模块化以令其在其他程序中重复使用变得更容易，通过使用函数使得代码更具可读性。

在 Arduino 草图或程序中有两个必需的函数，即 setup()和 loop()。其他函数必须在这两个函数的括号之外创建。定义函数的最常用的语法是：

```
C
int AIN1 = 5;                //A 电机 PWM 波
int AIN2 = 6;                //A 电机 PWM 波
int BIN1 = 8;                //B 电机 PWM 波
int BIN2 = 7;                //B 电机 PWM 波
int CIN1 = 11;               //C 电机 PWM 波
int CIN2 = 12;               //C 电机 PWM 波
int DIN1 = 44;               //D 电机 PWM 波
int DIN2 = 46;               //D 电机 PWM 波
void setup(){
  //
  pinMode(AIN1,OUTPUT);
  pinMode(BIN1,OUTPUT);
  pinMode(CIN1,OUTPUT);
  pinMode(DIN1,OUTPUT);
  pinMode(AIN2,OUTPUT);
  pinMode(BIN2,OUTPUT);
  pinMode(CIN2,OUTPUT);
  pinMode(DIN2,OUTPUT);
}

void loop(){

  // 修改 AIN1. 和 AIN2 电平的高低，可以改变电机的转向

  digitalWrite(AIN1,HIGH);      //右前方电机驱动的电平控制
  digitalWrite(AIN2,LOW); //右前方电机驱动的电平控制
  digitalWrite(BIN1,LOW); //左前方电机驱动的电平控制
  digitalWrite(BIN2,HIGH);      //左前方电机驱动的电平控制
 digitalWrite(CIN1,LOW);    //左后方电机驱动的电平控制
 digitalWrite(CIN2,HIGH);  //左后方电机驱动的电平控制
 digitalWrite(DIN1,HIGH);  //右后方电机驱动的电平控制
 digitalWrite(DIN2,LOW);    //右后方电机驱动的电平控制
}
C
```

```
int AIN1 = 5;                    //A 电机 PWM 波
int AIN2 = 6;                    //A 电机 PWM 波
int BIN1 = 8;                    //B 电机 PWM 波
int BIN2 = 7;                    //B 电机 PWM 波
int CIN1 = 11;                   //C 电机 PWM 波
int CIN2 = 12;                   //C 电机 PWM 波
int DIN1 = 44;                   //D 电机 PWM 波
int DIN2 = 46;                   //D 电机 PWM 波
void setup(){
  //
  pinMode(AIN1,OUTPUT);
  pinMode(BIN1,OUTPUT);
  pinMode(CIN1,OUTPUT);
  pinMode(DIN1,OUTPUT);
  pinMode(AIN2,OUTPUT);
  pinMode(BIN2,OUTPUT);
  pinMode(CIN2,OUTPUT);
  pinMode(DIN2,OUTPUT);


}
void forward()
//编写一个前进的函数，将前进需要的电机电平代码写好，放在里面，当需要小车前进
时候只需要去
//调用这个函数即可
{
      digitalWrite(AIN1,HIGH);       //右前方电机驱动的电平控制
      digitalWrite(AIN2,LOW);        //右前方电机驱动的电平控制
      digitalWrite(BIN1,LOW);        //左前方电机驱动的电平控制
      digitalWrite(BIN2,HIGH);       //左前方电机驱动的电平控制
      digitalWrite(CIN1,LOW);        //左后方电机驱动的电平控制
      digitalWrite(CIN2,HIGH);       //左后方电机驱动的电平控制
      digitalWrite(DIN1,HIGH);       //右后方电机驱动的电平控制
      digitalWrite(DIN2,LOW);        //右后方电机驱动的电平控制
}
void loop(){
  forward();
}
```

同理，编写其他的函数也用同样的方法编写。

```
C
int AIN1 = 5;                //A 电机 PWM 波
int AIN2 = 6;                //A 电机 PWM 波
int BIN1 = 8;                //B 电机 PWM 波
int BIN2 = 7;                //B 电机 PWM 波
int CIN1 = 11;               //C 电机 PWM 波
int CIN2 = 12;               //C 电机 PWM 波
int DIN1 = 44;               //D 电机 PWM 波
int DIN2 = 46;               //D 电机 PWM 波
void setup(){
  //
  pinMode(AIN1,OUTPUT);
  pinMode(BIN1,OUTPUT);
  pinMode(CIN1,OUTPUT);
  pinMode(DIN1,OUTPUT);
  pinMode(AIN2,OUTPUT);
  pinMode(BIN2,OUTPUT);
  pinMode(CIN2,OUTPUT);
  pinMode(DIN2,OUTPUT);
}
void forward()
//编写一个前进的函数，将前进需要的电机电平代码写好，放在里面，当需要小车前进时候，只需要去
//调用这个函数即可
{
    digitalWrite(AIN1,HIGH);      //右前方电机驱动的电平控制
    digitalWrite(AIN2,LOW);       //右前方电机驱动的电平控制
    digitalWrite(BIN1,LOW);       //左前方电机驱动的电平控制
    digitalWrite(BIN2,HIGH);      //左前方电机驱动的电平控制
    digitalWrite(CIN1,LOW);       //左后方电机驱动的电平控制
    digitalWrite(CIN2,HIGH);      //左后方电机驱动的电平控制
    digitalWrite(DIN1,HIGH);      //右后方电机驱动的电平控制
    digitalWrite(DIN2,LOW);       //右后方电机驱动的电平控制
}
void back()
//编写一个前进的函数，将前进需要的电机电平代码写好，放在里面，当需要小车前进时候，只需要去
//调用这个函数即可
```

```
{
    digitalWrite(AIN2,HIGH);        //右前方电机驱动的电平控制
    digitalWrite(AIN1,LOW);         //右前方电机驱动的电平控制
    digitalWrite(BIN2,LOW);         //左前方电机驱动的电平控制
    digitalWrite(BIN1,HIGH);        //左前方电机驱动的电平控制
    digitalWrite(CIN2,LOW);         //左后方电机驱动的电平控制
    digitalWrite(CIN1,HIGH);        //左后方电机驱动的电平控制
    digitalWrite(DIN2,HIGH);        //右后方电机驱动的电平控制
    digitalWrite(DIN1,LOW);         //右后方电机驱动的电平控制
}
void loop(){
  //在这里调用前进函数和后退函数，同时在两个函数之间加入 delay 延时函数，其他的函数，采用这样的办法继续编写就好了
  forward();
  delay(1000);
  back();
  delay(1000);
}
```

以上代码可以优化为：串口监视器查看输出结果。

3.8　执行机构模块的控制实验

3.8.1　舵机控制实验

本节尝试对舵机进行控制，舵机是一种伺服电机，通常用于精确的位置控制或输出较高的扭矩，在机器人项目、遥控汽车、飞机等航模中都可以找到它的身影。舵机由小型电动机、电位计、嵌入式控制系统和变速箱组成，电机输出轴的位置由内部电位计不断采样测量，并与微控制器（如 STM32，Arduino）设置的目标位置进行比较。根据相应的偏差，控制设备会调整电机输出轴的实际位置，使其与目标位置匹配，这样就形成了闭环控制系统。

此外，变速箱可以降低电机的转速，从而增加输出轴上的输出扭矩，输出轴的最大速度通常约为 60 r/min。

如图 3-8-1，这是一款常见的数字舵机，使用时我们只需要在信号端发送一次周期为 20 ms 的 PWM 信号，然后通过调节脉冲宽度来调节舵机角度。我们可以设置的脉冲宽度范围为 500 ~ 2 500 μs，它对应的角度为 0 ~ 270°。同时这款舵机具有控制精度高、线性度好、响应速度快和扭力大等特点，常用于各种仿生机器人的大角度关节设计。其接口如图 3-8-2 所示，具体引脚说明如表 3-8-1 所示。

图 3-8-1 常见的数字舵机

图 3-8-2 接口

表 3-8-1 引脚说明

引脚	引脚说明
白色接线	信号线
红色接线	电源正极
黑色接线	地线

准备材料：Arduino Mega 2560 开发板、模拟舵机、连接线及电源模块。操作步骤如下：

步骤 1：连接舵机。

- 将舵机的数据线连接到 Arduino 的一个数字输出针脚上（如 9 号针脚）。
- 将舵机的电源线（红色）和地线（黑色）分别连接到 Arduino 的 5 V 电源和 GND。

步骤 2：安装 Servo 库。

步骤 3：编写代码。

（1）打开 Arduino IDE。

（2）创建一个新的 Arduino 项目。

（3）将以下代码复制到 Arduino IDE 的编辑器中：

```
C
/*******LD-27MG 数字舵机测试程序*******
 * Arduino 型号:Arduino UNO
 **************************/
int servopin=8;
int pulsewidth;
int val;
void servo(int myangle)
{
pulsewidth=map(myangle,0,270,500,2500);
```

```
digitalWrite(servopin,HIGH);
delayMicroseconds(pulsewidth);
digitalWrite(servopin,LOW);
delay(20-pulsewidth/1000);
}
void setup()
{
pinMode(servopin,OUTPUT);
}
void loop()
{
 servo(0);
 delay(1000);
 servo(270);
 delay(1000);
}
```

步骤 4：上传代码。

- 将 Arduino Mega 2560 通过 USB 线连接到计算机。
- 点击上传按钮将代码上传到 Arduino Mega 2560。

步骤 5：观察结果。

一旦代码上传完成，舵机应该开始在 0° ~ 180°之间往返旋转。

3.8.2　蓝牙模块控制

这一节了解蓝牙通信，蓝牙通信是一种基于低成本的近距离无线连接的无线通信技术，它为各种固定和移动设备提供了一种建立通信环境的方式。蓝牙技术使便携式移动设备和计算机设备能够无需电缆就能连接到互联网，并实现无线接入互联网。蓝牙支持设备之间进行短距离通信，支持移动电话、笔记本电脑、无线耳机等设备之间进行信息的交换。它能够实现现代电脑设备之间的通信，移动设备之间文件的传输、打电话，以及智能家电产品、电子产品和汽车之间的无线通信网络。此外，蓝牙还可以实现无线的蓝牙耳机和对讲机等功能。在 Android 系统中，蓝牙协议栈有多种实现方式，如 Bluz、BlueDroid 和 BLE 等。Android 的本地蓝牙（Bluetooth Adapter）代表本地的蓝牙适配器，是所有蓝牙交互的入口点，可以对本地或远端设备进行操作。

要实现 Arduino 蓝牙模块的控制首先要做如下准备。第一就是硬件需求，一个 Arduino Uno 板、一个蓝牙模块（如 HC-05 或 HC-06）。第二就是软件需求：Arduino IDE，为 Arduino UNO 主板写一个程序，使用 Arduino 和 HC-05/HC-06 蓝牙模块接收来自蓝牙终端的数据。通过蓝牙接收单个字符，并根据接收到的字符来点亮或熄灭板载 LED（通常连接在引脚 13）。

参考代码如下：

```
C
#include <SoftwareSerial.h>

// 蓝牙模块的 RX 和 TX 引脚
const int btTxPin = 10;// 蓝牙 TX 到 Arduino RX
const int btRxPin = 11;// 蓝牙 RX 到 Arduino TX

// 初始化软件串口
SoftwareSerial bluetooth(btRxPin,btTxPin);

void setup(){
  // 设置板载 LED 引脚为输出模式
  pinMode(LED_BUILTIN,OUTPUT);

  // 开始串口通信
  Serial.begin(9600);
  bluetooth.begin(9600);// 设置蓝牙模块的波特率
}

void loop(){
  if(bluetooth.available()){
    // 读取来自蓝牙的数据
    char receivedChar  =  bluetooth.read();

    // 根据接收到的字符执行动作
    if(receivedChar == '1'){
      digitalWrite(LED_BUILTIN,HIGH);// 点亮 LED
    } else if(receivedChar == '0'){
      digitalWrite(LED_BUILTIN,LOW); // 熄灭 LED
    }

    // 回显接收到的字符
    Serial.print("Received:");
    Serial.println(receivedChar);
  }
}
```

需要注意的是在连接 HC-05/HC-06 模块时，确保 Arduino 处于断电状态。同时需要注意

HC-05/HC-06 的 RX/TX 引脚需要连接到 Arduino 的 TX/RX 引脚，但在实际连接时，RX 接 TX，TX 接 RX。在上传代码之前，从 Arduino 板上断开 HC-05/HC-06 模块的 RX 和 TX 引脚。一旦代码上传到 Arduino 板上，并重新连接了蓝牙模块，就可以通过手机上的蓝牙串口终端应用发送字符“1”来点亮 LED，发送“0”来熄灭 LED。

3.8.3　超声波模块

超声波模块是一种利用超声波进行测距的电子模块。它通过发送和接收超声波，利用时间差和声音传播速度来计算模块到前方障碍物的距离。超声波模块可以广泛地应用于避障、定位、距离测量等方面，市面上的常见超声波模块主要有 HC-SR04 超声波模块、US-100 超声波模块、US-015 超声波模块和 HY-SRF05 超声波模块等。以 HC-SR04 超声波模块为例，它有四个引脚，分别为 VCC、Trig（控制端）、Echo（发送回响信号）和 GND。模块自动发送 8 个 40 kHz 周期电平并检测回波，一旦检测到有回波信号则输出回响信号，而回响信号通过 IO 口 ECHO 输出一个高电平，高电平持续的时间就是超声波从发射到返回的时间。测试距离 = [高电平时间*声速（340 m/s）]/2。Echo 引脚需要作为输入捕获通道，则模式为浮空输入。

在实践操作前，需要准备的硬件有 Arduino 和 HC-SR04 超声波传感器，软件需求则是 Arduino IDE。实验原理是 HC-SR04 超声波传感器常用于测量距离。这个传感器发送一个声波，然后测量声波反射回来的时间，以此来计算距离。

首先将硬件进行电路连接，将 HC-SR04 传感器连接到 Arduino，VCC 引脚连接到 Arduino 的 5 V，GND 引脚连接到 Arduino 的 GND，TRIG 引脚连接到 Arduino 的一个数字引脚（引脚 9），ECHO 引脚连接到 Arduino 的另一个数字引脚（引脚 10）。

实验代码如下，通过 HC-SR04 测量距离并通过串口监视器显示结果：

```
C
#define TRIG_PIN 9      // 定义触发引脚
#define ECHO_PIN 10     // 定义回声引脚


void setup(){
  // 初始化串口通信
  Serial.begin(9600);

  // 设置引脚模式
  pinMode(TRIG_PIN,OUTPUT);
  pinMode(ECHO_PIN,INPUT);
}


void loop(){
  // 清除触发引脚
```

```
    digitalWrite(TRIG_PIN,LOW);
    delayMicroseconds(2);

    // 设置触发引脚为高电平状态持续 10 μs
    digitalWrite(TRIG_PIN,HIGH);
    delayMicroseconds(10);
    digitalWrite(TRIG_PIN,LOW);

    // 读取回声引脚，返回的是声波往返时间（以μs 为单位）
    long duration = pulseIn(ECHO_PIN,HIGH);

    // 计算距离（以厘米为单位）
    // 声速在空气中的速度约为 343 m/s，即 0.0343 cm/μs
    float distance = duration * 0.0343 / 2;

    // 输出结果到串口监视器
    Serial.print("Distance:");
    Serial.print(distance);
    Serial.println(" cm");

    // 稍作延迟后再进行下一次测量
    delay(1000);
}
```

3.8.4 红外传感器

红外传感器是一种特殊类型的传感器，它使用红外线来探测目标物体的存在、距离、速度、方向和特征等。这类传感器通常用于机器人、无人驾驶汽车、安全系统、医疗设备、通信系统等领域。红外传感器的工作原理是利用红外线的物理性质来探测目标物体。当红外线照射到目标物体上时，会反射、折射、散射或吸收红外线，这会导致红外线的强度发生变化。红外传感器通过检测这种变化来探测目标物体的存在和特征。由于红外线是不可见光，因此红外传感器不会受到可见光的干扰，可以在黑暗或恶劣天气条件下工作。此外，红外传感器通常具有较高的探测灵敏度和较小的探测盲区，它可以在短时间内对多个目标物体进行探测和跟踪。在应用方面，红外传感器可用于自动控制、目标跟踪、无损检测等领域。例如，在军事上，可以利用红外传感器来探测敌方目标和无人机等；在工业上，可以利用红外传感器来检测机器设备的运行状态和故障，从而提高生产效率和产品质量。总之，红外传感器是一种重要的传感器类型，具有广泛的应用前景和潜力。随着科技的不断进步，红外传感器的性能和功能将得到进一步提升和完善，为未来的智能化和自动化发展提供更多可能性。本节了解红外传感器模块的控制，需要准备一个控制板（Arduino Uno）、一个红外（IR）接收器，用于接收红外信号及一个红外遥控器，用于发送红外信号，进行测试。而软件需求则是 Arduino IDE 和 IRremote 库。

首先进行硬件连接：将红外接收器的 VCC 引脚连接到 Arduino 的 5 V。将红外接收器的 GND 引脚连接到 Arduino 的 GND。将红外接收器的信号引脚连接到 Arduino 的一个数字输入引脚（本教程使用引脚 11）。然后进行程序编写，编写代码如下。

将以下代码复制并粘贴到 Arduino IDE 中：

```
C
#include <IRremote.h>

int RECV_PIN = 11;// 定义红外传感器的信号引脚
IRrecv irrecv(RECV_PIN);
decode_results results;

void setup(){
  Serial.begin(9600);
  irrecv.enableIRIn();// 启动红外接收器
}

void loop(){
  if(irrecv.decode(&results)){
    Serial.println（results.value，HEX）;// 输出接收到的数据
    irrecv.resume();// 准备接收下一个值
  }
}
```

最后进行测试，首先打开 Arduino IDE 的串口监视器，使用红外遥控器对准红外接收器，按下遥控器上的任意按钮，观察串口监视器中显示的代码。

3.9　机器人控制测试实践

本节进行控制测试实践，通过软硬件的协调，实现执行机构的自动化控制，包括电机测试、PWM 函数应用实践、PID 控制器测试实践、蓝牙通信及测试、蓝牙遥控函数、机器人总控程序模拟、舵机编程测试、舵机和电机联合测试等几个重要的控制任务实践。

3.9.1　电机测试代码

实现效果是每个电机可以转动。

```C
int AIN1 = 5;                    //A 电机 PWM 波
int AIN2 = 6;                    //A 电机 PWM 波
int BIN1 = 8;                    //B 电机 PWM 波
int BIN2 = 7;                    //B 电机 PWM 波
int CIN1 = 11;                   //C 电机 PWM 波
int CIN2 = 12;                   //C 电机 PWM 波
int DIN1 = 44;                   //D 电机 PWM 波
int DIN2 = 46;                   //D 电机 PWM 波
void setup(){
  //
  pinMode(AIN1,OUTPUT);
  pinMode(BIN1,OUTPUT);
  pinMode(CIN1,OUTPUT);
  pinMode(DIN1,OUTPUT);
  pinMode(AIN2,OUTPUT);
  pinMode(BIN2,OUTPUT);
  pinMode(CIN2,OUTPUT);
  pinMode(DIN2,OUTPUT);
}
void loop(){
  //
  digitalWrite(AIN1,HIGH);       //右前方电机驱动的电平控制
  digitalWrite(AIN2,LOW);        //右前方电机驱动的电平控制
  digitalWrite(BIN1,LOW);        //左前方电机驱动的电平控制
  digitalWrite(BIN2,HIGH);       //左前方电机驱动的电平控制
 digitalWrite(CIN1,LOW);         //左后方电机驱动的电平控制
 digitalWrite(CIN2,HIGH);        //左后方电机驱动的电平控制
 digitalWrite(DIN1,HIGH);        //右后方电机驱动的电平控制
 digitalWrite(DIN2,LOW);         //右后方电机驱动的电平控制
}
```

3.9.2 PWM 函数应用实践

以下是直流减速电机 PWM 函数的具体讲解及注意事项。

PWM 相关变量声明与定义：

```C
//PWM 引脚和电机驱动引脚
```

```
int AIN1 = 5;//A 电机 PWM 波
int AIN2 = 6;//A 电机 PWM 波
int BIN1 = 8;//B 电机 PWM 波
int BIN2 = 7;//B 电机 PWM 波
int CIN1 = 11;//C 电机 PWM 波
int CIN2 = 12;//C 电机 PWM 波
int DIN1 = 44;//D 电机 PWM 波
int DIN2 = 46;//D 电机 PWM 波
//PWM 死区（启动初始值）
//高频时电机启动初始值为 130，低频时电机启动初始值为 30
int startPWM = 135;
//PWM 最大值
//死区+最大值不能超过 int（255）的大小

int PWM_Restrict = 105; //startPW+PWM_Restric = 240<255
```

函数功能：赋值给 PWM 寄存器。
入口参数：各个电机的 PWM 值。

```
C
void Set_PWM(int motora,int motorb,int motorc,int motord)
{
  //赋值给 PWM 寄存器根据电机响应速度与机械误差微调
  if(motora>0)analogWrite(AIN2,motora+startPWM),analogWrite(AIN1,0);
  else if(motora==0)analogWrite(AIN2,0),analogWrite(AIN1,0);
  //高频时电机启动初始值高约为 130,低频时电机启动初始值低约为 30
  else if(motora<0)analogWrite(AIN1,-motora+startPWM),analogWrite(AIN2,0);
  //赋值给 PWM 寄存器根据电机响应速度与机械误差微调
  if(motorb > 0)analogWrite(BIN2,motorb+startPWM),analogWrite(BIN1,0);
  else if(motorb==0)analogWrite(BIN2,0),analogWrite(BIN1,0);
  //高频时电机启动初始值高约为 130,低频时电机启动初始值低约为 30
  else if(motorb<0)analogWrite(BIN1,-motorb+startPWM),analogWrite(BIN2,0);
  //赋值给 PWM 寄存器根据电机响应速度与机械误差微调
  if(motorc>0)analogWrite(CIN1,motorc+startPWM),analogWrite(CIN2,0);
  else if(motorc==0)analogWrite(CIN2,0),analogWrite(CIN1,0);
  //高频时电机启动初始值高约为 130,低频时电机启动初始值低约为 30
  else if(motorc<0)analogWrite(CIN2,-motorc+startPWM),analogWrite(CIN1,0);
  //赋值给 PWM 寄存器根据电机响应速度与机械误差微调
  if(motord>0)analogWrite(DIN1,motord+startPWM),analogWrite(DIN2,0);
  else if(motord==0)analogWrite(DIN1,0),analogWrite(DIN2,0);
```

```
  //高频时电机启动初始值高约为130,低频时电机启动初始值低约为30
  else if(motord<0)analogWrite(DIN2,-motord+startPWM),analogWrite(DIN1,0);
}
```

主要函数：

```C
void setup(){
  // put your setup code here,to run once:
  pinMode(AIN1,OUTPUT);
  pinMode(BIN1,OUTPUT);
  pinMode(CIN1,OUTPUT);
  pinMode(DIN1,OUTPUT);
  pinMode(AIN2,OUTPUT);
  pinMode(BIN2,OUTPUT);
  pinMode(CIN2,OUTPUT);
  pinMode(DIN2,OUTPUT);
}
void loop()//实现电机转速相同,方向不同
{
 Set_PWM(2,2,2,2);//当输入值大于0时,实现电机正转
 delay(2000);
 Set_PWM(-2,-2,-2,-2);//当输入值小于0时,实现电机反转
 delay(2000);


}
```

完整代码下载测试：

```C
//PWM引脚和电机驱动引脚
int AIN1 = 5;//A电机PWM波
int AIN2 = 6;//A电机PWM波
int BIN1 = 8;//B电机PWM波
int BIN2 = 7;//B电机PWM波
int CIN1 = 11;//C电机PWM波
int CIN2 = 12;//C电机PWM波
int DIN1 = 44;//D电机PWM波
int DIN2 = 46;//D电机PWM波
//PWM死区(启动初始值)
//高频时电机启动初始值为130,低频时电机启动初始值为30
```

```
int startPWM = 135;
//PWM 最大值
//死区+最大值不能超过 int(255)的大小
int PWM_Restrict=105;//startPW+PWM_Restric=240<255

void Set_PWM(int motora,int motorb,int motorc,int motord)
{
  //赋值给 PWM 寄存器根据电机响应速度与机械误差微调
  if(motora>0)analogWrite(AIN2,motora+startPWM),analogWrite(AIN1,0);
  else if(motora==0)analogWrite(AIN2,0),analogWrite(AIN1,0);
  //高频时电机启动初始值高约为 130,低频时电机启动初始值低约为 30
  else if(motora<0)analogWrite(AIN1,-motora+startPWM),analogWrite(AIN2,0);
  //赋值给 PWM 寄存器根据电机响应速度与机械误差微调
  if(motorb > 0)analogWrite(BIN2,motorb+startPWM),analogWrite(BIN1,0);
  else if(motorb==0)analogWrite(BIN2,0),analogWrite(BIN1,0);
  //高频时电机启动初始值高约为 130,低频时电机启动初始值低约为 30
  else if(motorb<0)analogWrite(BIN1,-motorb+startPWM),analogWrite(BIN2,0);
  //赋值给 PWM 寄存器根据电机响应速度与机械误差微调
  if(motorc>0)analogWrite(CIN1,motorc+startPWM),analogWrite(CIN2,0);
  else if(motorc==0)analogWrite(CIN2,0),analogWrite(CIN1,0);
  //高频时电机启动初始值高约为 130,低频时电机启动初始值低约为 30
  else if(motorc<0)analogWrite(CIN2,-motorc+startPWM),analogWrite(CIN1,0);
  //赋值给 PWM 寄存器根据电机响应速度与机械误差微调
  if(motord>0)analogWrite(DIN1,motord+startPWM),analogWrite(DIN2,0);
  else if(motord==0)analogWrite(DIN1,0),analogWrite(DIN2,0);
  //高频时电机启动初始值高约为 130,低频时电机启动初始值低约为 30
  else if(motord<0)analogWrite(DIN2,-motord+startPWM),analogWrite(DIN1,0);
}
void setup(){
  // put your setup code here,to run once:
  pinMode(AIN1,OUTPUT);
  pinMode(BIN1,OUTPUT);
  pinMode(CIN1,OUTPUT);
  pinMode(DIN1,OUTPUT);
  pinMode(AIN2,OUTPUT);
  pinMode(BIN2,OUTPUT);
  pinMode(CIN2,OUTPUT);
  pinMode(DIN2,OUTPUT);
```

```
}
void loop()//实现电机转速相同,方向不同
{
 Set_PWM(2,2,2,2);//当输入值大于0时,实现电机正转
 delay(2000);
 Set_PWM(-2,-2,-2,-2);//当输入值小于0时,实现电机反转
 delay(2000);
}
```

3.9.3 PID 控制器测试实践

以下是直流减速电机 PID 控制函数的具体讲解及注意事项。

PID 相关变量声明与定义：

```
C
//编码器引脚
#define ENCODER_A 2//A 路电机编码器引脚
#define ENCODER_B 3//B 路电机编码器引脚
#define ENCODER_C 18//C 路电机编码器引脚
#define ENCODER_D 19//D 路电机编码器引脚
#define DIRECTION_A 51//A 路电机编码器引脚
#define DIRECTION_B 53//B 路电机编码器引脚
#define DIRECTION_C 52//C 路电机编码器引脚
#define DIRECTION_D 50//D 路电机编码器引脚

//PID 参数
//Velocity_KP:比例参数
//Velocity_KI:积分参数
//注意:本次电机控制采取 PI 控制即可
float Velocity_KP =7.25,Velocity_KI =0.68;//PI 参数
//速度控制器倍率参数,目标参数
float Multiple=1,Target_A,Target_B,Target_C,Target_D;
//编码器数据
volatile long Velocity_1,Velocity_2,Velocity_3,Velocity_4;
//左右轮速度
```

float Velocity_A，Velocity_B，Velocity_C，Velocity_D；Velocity__A，Velocity__B，Velocity__D，Velocity__C，VelocityA，VelocityB，VelocityC，VelocityD；

增量式离散 PID 公式：

pwm+=Kp[e(k)-e(k-1)]+Ki*e(k)+Kd[e(k)-2e(k-1)+e(k-2)]

其中：

Kp：比例参数；

Ki：积分参数；

Kd：微分参数；

e（k）：本次偏差；

e（k-1）：上一次的偏差；

pwm：增量输出。

注意：本次使用的速度控制闭环系统里面使用增量式 PI 控制，即 Kd = 0。

函数功能：增量 PI 控制器。

入口参数：编码器测量值，期望速度。

返回值：电机 PWM。

注意：这里函数可以简化。

```C
//A 电机 PI 速度控制器
int Incremental_PI_A(int Encoder,int Target)
{
    float Bias;
    static float PWM,Last_bias;
    Bias=Encoder-Target;//计算偏差
    //增量式 PI 控制器
    PWM+=Velocity_KP/Multiple*(Bias-Last_bias)+Velocity_KI/Multiple/1.314*Bias;
    if(PWM>PWM_Restrict)PWM=PWM_Restrict;//限幅
    if(PWM<-PWM_Restrict)PWM=-PWM_Restrict;//限幅
    Last_bias=Bias;//保存上一次偏差
    return PWM;//增量输出
}
//B 电机 PI 速度控制器
int Incremental_PI_B(int Encoder,int Target)
{
    float Bias;
    static float PWM,Last_bias;
    Bias=Encoder-Target;//计算偏差
    //增量式 PI 控制器
    PWM+=Velocity_KP/Multiple*(Bias-Last_bias)+Velocity_KI/Multiple/1.314*Bias;
    if(PWM>PWM_Restrict)PWM=PWM_Restrict;//限幅
```

```
    if(PWM<-PWM_Restrict)PWM=-PWM_Restrict;//限幅
    Last_bias=Bias;//保存上一次偏差
    return PWM;//增量输出
}
//C 电机 PI 速度控制器
int Incremental_PI_C(int Encoder,int Target)
{
    float Bias;
    static float PWM,Last_bias;
    Bias=Encoder-Target;//计算偏差
    //增量式 PI 控制器
    PWM+=Velocity_KP/Multiple*(Bias-Last_bias)+Velocity_KI/Multiple/1.314*Bias;
    if(PWM>PWM_Restrict)PWM=PWM_Restrict;//限幅
    if(PWM<-PWM_Restrict)PWM=-PWM_Restrict;//限幅
    Last_bias=Bias;//保存上一次偏差
    return PWM;//增量输出
}
//D 电机 PI 速度控制器
int Incremental_PI_D(int Encoder,int Target)
{
  float Bias;
    static float PWM,Last_bias;
    Bias=Encoder-Target;//计算偏差
    //增量式 PI 控制器
    PWM+=Velocity_KP/Multiple*(Bias-Last_bias)+Velocity_KI/Multiple/1.314*Bias;
    if(PWM>PWM_Restrict)PWM=PWM_Restrict;//限幅
    if(PWM<-PWM_Restrict)PWM=-PWM_Restrict;//限幅
    Last_bias=Bias;//保存上一次偏差
    return PWM;//增量输出
}
```

函数功能：外部中断读取编码器数据，具有二倍频功能注意外部中断是跳变沿触发。

```
C
//读取 A 电机编码器数据
void READ_ENCODER_A()
 {
    if(digitalRead(DIRECTION_A)== LOW)
    {
```

```
            //如果是下降沿触发的中断
            //根据另外一相电平判定方向
            if(digitalRead(ENCODER_A)== LOW)Velocity_1--;
            else Velocity_1++;
        }
        else
        {
            //如果是上升沿触发的中断
            //根据另外一相电平判定方向
            if(digitalRead(ENCODER_A)== LOW)Velocity_1++;
            else Velocity_1--;
        }
}
//读取 B 电机编码器数据
void READ_ENCODER_B()
  {
        if(digitalRead(DIRECTION_B)== LOW)
        {
            //如果是下降沿触发的中断
            //根据另外一相电平判定方向
            if(digitalRead(ENCODER_B)== LOW)Velocity_2--;
            else Velocity_2++;
        }
        else
        {
            //如果是上升沿触发的中断
            //根据另外一相电平判定方向
            if(digitalRead(ENCODER_B)== LOW)Velocity_2++;
            else Velocity_2--;
        }
}
//读取 C 电机编码器数据
void READ_ENCODER_C()
  {
        if(digitalRead(DIRECTION_C)== LOW)
        {
            //如果是下降沿触发的中断
            //根据另外一相电平判定方向
```

```
            if(digitalRead(ENCODER_C)== LOW)Velocity_3--;
            else Velocity_3++;
        }
        else
        {
            //如果是上升沿触发的中断
            //根据另外一相电平判定方向
            if(digitalRead(ENCODER_C)== LOW)Velocity_3++;
            else Velocity_3--;
    }
}
//读取D电机编码器数据
void READ_ENCODER_D()
 {
        if(digitalRead(DIRECTION_D)== LOW)
        {
            //如果是下降沿触发的中断
            //根据另外一相电平判定方向
            if(digitalRead(ENCODER_D)== LOW)Velocity_4--;
            else Velocity_4++;
        }
        else
        {
            //如果是上升沿触发的中断
            //根据另外一相电平判定方向
            if(digitalRead(ENCODER_D)== LOW)Velocity_4++;
            else Velocity_4--;
    }
}
```

3.9.4 蓝牙通信及测试

以下是 FITI MR ARD 蓝牙通信函数的具体讲解及注意事项。

蓝牙通信相关变量定义与声明。

Serial.available()的意思是：返回串口缓冲区中当前剩余的字符个数。一般用这个函数来判断串口的缓冲区有无数据，当 Serial.available()>0 时，说明串口接收到了数据，可以读取。

Serial.read()指从串口的缓冲区取出并读取一个 Byte 的数据，比如有设备通过串口向 Arduino 发送数据了，就可以用 Serial.read()来读取发送的数据。

```
Serial3.begin(9600);   //打开串口
switch(ReceiveInstruction){
     //电机全向移动控制代码
     case 'Z': Set_PWM(0,0,0,0); break;     //前进
    }
```

switch 语句：case 后面的值若与 switch 语句括号里面的值相同，则执行 case 后面的语句，需要注意的是，case 语句后面要加冒号(:)，并且使用分号(;)作为结束。

```C
switch(ReceiveInstruction){
     //电机全向移动控制代码
     case 'Z': Set_PWM(2,2,2,2); break;//前进


    }
```

完整代码：

```C
/************
NPU  机器人实验室
主板使用 arduino mega 2560 控制板
扩展板使用自制 PCB 板子,可用于控制 4 个直流电机
外设 6 路 I/O 口,用于外接模拟舵机或者其他的外设器件
 *************/
char PWM_A=3;                    //设定 PWM_A 数值
char PWM_B=3;                    //设定 PWM_B 数值
char PWM_C=3;                    //设定 PWM_C 数值
char PWM_D=3;                    //设定 PWM_D 数值

int AIN1 = 6;                    //A 电机 PWM 波
int AIN2 = 5;                    //A 电机 PWM 波
int BIN1 = 8;                    //B 电机 PWM 波
int BIN2 = 7;                    //B 电机 PWM 波
int CIN1 = 12;                   //C 电机 PWM 波
int CIN2 = 11;                   //C 电机 PWM 波
int DIN1 = 44;                   //D 电机 PWM 波
int DIN2 = 46;                   //D 电机 PWM 波

int startPWM = 135;
int PWM_Restrict=105;
```

```
void Set_PWM(int motora,int motorb,int motorc,int motord){

  //赋值给 PWM 寄存器根据电机响应速度与机械误差微调
  if(motora>0)analogWrite(AIN2,motora+startPWM),analogWrite(AIN1,0);
  else if(motora==0)analogWrite(AIN2,0),analogWrite(AIN1,0);
  //高频时电机启动初始值高约为 130,低频时电机启动初始值低约为 30
  else if(motora<0)analogWrite(AIN1,-motora+startPWM),analogWrite(AIN2,0);
  //赋值给 PWM 寄存器根据电机响应速度与机械误差微调
  if(motorb > 0)analogWrite(BIN2,motorb+startPWM),analogWrite(BIN1,0);
    else if(motorb==0)analogWrite(BIN2,0),analogWrite(BIN1,0);
  //高频时电机启动初始值高约为 130,低频时电机启动初始值低约为 30
  else if(motorb<0)analogWrite(BIN1,-motorb+startPWM),analogWrite(BIN2,0);
  //赋值给 PWM 寄存器根据电机响应速度与机械误差微调
  if(motorc>0)analogWrite(CIN1,motorc+startPWM),analogWrite(CIN2,0);
  else if(motorc==0)analogWrite(CIN2,0),analogWrite(CIN1,0);
  //高频时电机启动初始值高约为 130,低频时电机启动初始值低约为 30
  else if(motorc<0)analogWrite(CIN2,-motorc+startPWM),analogWrite(CIN1,0);
  //赋值给 PWM 寄存器根据电机响应速度与机械误差微调
  if(motord>0)analogWrite(DIN1,motord+startPWM),analogWrite(DIN2,0);
  else if(motord==0)analogWrite(DIN1,0),analogWrite(DIN2,0);
  //高频时电机启动初始值高约为 130,低频时电机启动初始值低约为 30
  else if(motord<0)analogWrite(DIN2,-motord+startPWM),analogWrite(DIN1,0);
}


void Get_RC()
{
  static unsigned char ReceiveInstruction;//定义一个静态的无符号的字符串

  if(Serial3.available()> 0){

    ReceiveInstruction = Serial3.read();
    switch(ReceiveInstruction){
     //电机全向移动控制代码
     case 'Z': Set_PWM(0,0,0,0); break;//前进
     case 'A': Set_PWM(PWM_A,PWM_B,PWM_C,PWM_D); break;          //前进
     case 'E': Set_PWM(-PWM_A,-PWM_B,-PWM_C,-PWM_D); break;      //后退
     case 'G': Set_PWM(PWM_A,-PWM_B,PWM_C,-PWM_D); break;        //左平移
```

```
        case 'C': Set_PWM(-PWM_A,PWM_B,-PWM_C,PWM_D); break; //右平移
        case 'H': Set_PWM(PWM_A,0,PWM_C,0); break;           //左上平移
        case 'B': Set_PWM(0,PWM_B,0,PWM_D); break;           //右上平移
        case 'F': Set_PWM(0,-PWM_B,0,-PWM_D); break;         //左下平移
        case 'D': Set_PWM(-PWM_A,0,-PWM_C,0); break;         //右下平移

      //使用手机端按键控制

      }
    }
  }
 void setup(){
  delay(500);
  pinMode(AIN1,OUTPUT);
  pinMode(BIN1,OUTPUT);
  pinMode(CIN1,OUTPUT);
  pinMode(DIN1,OUTPUT);
  pinMode(AIN2,OUTPUT);
  pinMode(BIN2,OUTPUT);
  pinMode(CIN2,OUTPUT);
  pinMode(DIN2,OUTPUT);
  Serial3.begin(9600);            //使串口 3 开启,用于蓝牙遥控

}
void loop(){
  Get_RC();
}
```

3.9.5　蓝牙遥控函数

以下是 FITI MR ARD 遥控函数的具体讲解及注意事项。

1. 函数功能：蓝牙遥控之速度分解

```
C
void Get_RC()
{
    //进入 APP 摇杆模式标志
    if(Transformation == 0)
```

```
{
    //0 代表停止,速度为 0
    if(Flag_Direction == 0)
    {
        VelocityA =0;VelocityB =0;VelocityC =0;VelocityD =0;
    }
    //1 代表前进
    else if(Flag_Direction == 1)
    {
        VelocityA = Bluetooth_Velocity;//赋予设定的目标速度,轮子前转
        VelocityB = Bluetooth_Velocity;//赋予设定的目标速度,轮子前转
        VelocityC = Bluetooth_Velocity;//赋予设定的目标速度,轮子前转
        VelocityD = Bluetooth_Velocity;//赋予设定的目标速度,轮子前转
    }
    //5 代表后退
    else if(Flag_Direction == 5)
    {
        VelocityA = -Bluetooth_Velocity;//赋予设定的目标速度,轮子后转
        VelocityB = -Bluetooth_Velocity;//赋予设定的目标速度,轮子后转
        VelocityC = -Bluetooth_Velocity;//赋予设定的目标速度,轮子后转
        VelocityD = -Bluetooth_Velocity;//赋予设定的目标速度,轮子后转
    }
    //7 代表左横移
    else if(Flag_Direction == 7)
    {
        VelocityA = Bluetooth_Velocity;//赋予设定的目标速度,轮子前转
        VelocityB = -Bluetooth_Velocity;//赋予设定的目标速度,轮子后转
        VelocityC = Bluetooth_Velocity;//赋予设定的目标速度,轮子前转
        VelocityD = -Bluetooth_Velocity;//赋予设定的目标速度,轮子后转
    }
    //3 代表右横移
    else if(Flag_Direction == 3)
    {
        VelocityA = -Bluetooth_Velocity;//赋予设定的目标速度,轮子后转
        VelocityB = Bluetooth_Velocity;//赋予设定的目标速度,轮子前转
        VelocityC = -Bluetooth_Velocity;//赋予设定的目标速度,轮子后转
        VelocityD = Bluetooth_Velocity;//赋予设定的目标速度,轮子前转
    }
```

```
    //8 代表左上移动
    else if(Flag_Direction == 8)
    {
        VelocityA = Bluetooth_Velocity;//赋予设定的目标速度,轮子前转
        VelocityB = 0;
        VelocityC = Bluetooth_Velocity;//赋予设定的目标速度,轮子前转
        VelocityD = 0;
    }
    //2 代表右上移动
    else if(Flag_Direction == 2)
    {
        VelocityA = 0;
        VelocityB = Bluetooth_Velocity;//赋予设定的目标速度,轮子前转
        VelocityC = 0;
        VelocityD = Bluetooth_Velocity;//赋予设定的目标速度,轮子前转
    }
    //6 代表左下移动
    else if(Flag_Direction == 6)
    {
        VelocityA = 0;
        VelocityB = -Bluetooth_Velocity;//赋予设定的目标速度,轮子后转
        VelocityC = 0;
        VelocityD = -Bluetooth_Velocity;//赋予设定的目标速度,轮子后转
    }
    //4 代表右下移动
    else if(Flag_Direction == 4)
    {
        VelocityA = -Bluetooth_Velocity;//赋予设定的目标速度,轮子后转
        VelocityB = 0;
        VelocityC = -Bluetooth_Velocity;//赋予设定的目标速度,轮子后转
        VelocityD = 0;
    }
    //9 代表停止
    else if(Flag_Direction == 9)
    {
        VelocityA =0;VelocityB =0;VelocityC =0;VelocityD =0;
    }
}
```

```
 //进入 APP 按键模式标志
if(Transformation == 1)
{
    if(Flag_Direction == 0)
    {
        VelocityA =0;VelocityB =0;VelocityC =0;VelocityD =0;
    }
    //前进指令
    else if(Flag_Direction == 1)
    {
        VelocityA = Bluetooth_Velocity;//赋予设定的目标速度,轮子前转
        VelocityB = Bluetooth_Velocity;//赋予设定的目标速度,轮子前转
        VelocityC = Bluetooth_Velocity;//赋予设定的目标速度,轮子前转
        VelocityD = Bluetooth_Velocity;//赋予设定的目标速度,轮子前转
    }
    //后退指令
    else if(Flag_Direction == 5)
    {
        VelocityA = -Bluetooth_Velocity;//赋予设定的目标速度,轮子后转
        VelocityB = -Bluetooth_Velocity;//赋予设定的目标速度,轮子后转
        VelocityC = -Bluetooth_Velocity;//赋予设定的目标速度,轮子后转
        VelocityD = -Bluetooth_Velocity;//赋予设定的目标速度,轮子后转
    }
    //右自转指令
    else if(Flag_Direction == 3)
    {
        VelocityA = Bluetooth_Velocity;//赋予设定的目标速度,轮子前转
        VelocityB = Bluetooth_Velocity;//赋予设定的目标速度,轮子前转
        VelocityC = -Bluetooth_Velocity;//赋予设定的目标速度,轮子后转
        VelocityD = -Bluetooth_Velocity;//赋予设定的目标速度,轮子后转
    }
    //左自转指令
    else if(Flag_Direction == 7)
    {
        VelocityA = -Bluetooth_Velocity;//赋予设定的目标速度,轮子后转
        VelocityB = -Bluetooth_Velocity;//赋予设定的目标速度,轮子后转
        VelocityC = Bluetooth_Velocity;//赋予设定的目标速度,轮子前转
        VelocityD = Bluetooth_Velocity;//赋予设定的目标速度,轮子前转
```

```
        }
        else if(Flag_Direction == 9)
        {
            VelocityA =0;VelocityB =0;VelocityC =0;VelocityD =0;
        }
    }
}
```

2. 函数功能：控制函数核心代码

```
C
void control()
{
  int Motora,Motorb,Motorc,Motord,Temp2;//临时变量
  static float Voltage_All;//电压采样相关变量
  static float Last_Bias;
  float Bias;
  int   sum;
  static unsigned char Position_Count,Voltage_Count;//位置控制分频用的变量
  sei();//全局中断开启
  //读取编码器数据并根据实际接线做调整,然后清零,这就是通过 M 法测速(单位时间内的脉冲数)得到速度
  Velocity_A = -Velocity_1;     Velocity_1 = 0;
  Velocity_B =   Velocity_2;     Velocity_2 = 0;
  Velocity_C = -Velocity_3;     Velocity_3 = 0;
  Velocity_D = -Velocity_4;     Velocity_4 = 0;
  Get_RC();//遥控函数
  //蓝牙遥控赋值
  if(Flag_Way == 0)
  {
    Multiple=8.5;//目标速度小,延长启动加速过程
    Target_A=VelocityA;
    Target_B=VelocityB;
    Target_C=VelocityC;
    Target_D=VelocityD;
  }
  //如果不存在异常,使能电机
  if(Turn_Off()== 0)
  {
```

```
    Motora = Incremental_PI_A(Target_A,Velocity_A);//===速度 PI 控制器
    Motorb = Incremental_PI_B(Target_B,Velocity_B);//===速度 PI 控制器
    Motorc = Incremental_PI_C(Target_C,Velocity_C);//===速度 PI 控制器
    Motord = Incremental_PI_D(Target_D,Velocity_D);//===速度 PI 控制器
    Set_PWM(Motora,Motorb,Motorc,Motord);
  }
  Temp2 = analogRead(A0); //采集一下电池电压
  Voltage_Count++;          //平均值计数器
  Voltage_All += Temp2;   //多次采样累积
  if(Voltage_Count == 200)
  {
      Battery_Voltage = Voltage_All * 0.05371 / 2;
      Voltage_All = 0;
      Voltage_Count = 0;//求平均值
  }
}
```

3.9.6 机器人总控程序

实现功能：蓝牙遥控方式、自主定位方式机、械臂与机器人通信（串口）。

```
C
/************
弗朗明戈科技出品
主板使用 arduino mega 2560 控制板
扩展板使用自制 PCB 板子,可用于控制 4 个直流电机
外设 6 路 I/O 口,用于外接模拟舵机或者其他的外设器件
 *************/

#include "I2Cdev.h"
#include "MPU6050_6Axis_MotionApps20.h"       //MPU6050 库文件
#include "Wire.h"                             //Ic 总线相关库文件
#include "LobotServoController.h"             //舵机控制库文件
#include <SSD1306.h>                          //OLED 显示器库文件

#define STANDARD       1                      //宏定义一个动作组
////////OLED 显示屏引脚相关设置///////////
#define OLED_DC 22
#define OLED_CLK 28
```

```
#define OLED_MOSI 26
#define OLED_RESET 24
SSD1306 oled(OLED_MOSI,OLED_CLK,OLED_DC,OLED_RESET,0);

LobotServoController Controller(Serial2);  //依据和舵机控制板修订

char PWM_A=3;                        //设定 PWM_A 数值
char PWM_B=3;                        //设定 PWM_B 数值
char PWM_C=3;                        //设定 PWM_C 数值
char PWM_D=3;                        //设定 PWM_D 数值

int AIN1 = 5;                        //A 电机 PWM 波
int AIN2 = 6;                        //A 电机 PWM 波
int BIN1 = 8;                        //B 电机 PWM 波
int BIN2 = 7;                        //B 电机 PWM 波
int CIN1 = 11;                       //C 电机 PWM 波
int CIN2 = 12;                       //C 电机 PWM 波
int DIN1 = 44;                       //D 电机 PWM 波
int DIN2 = 46;                       //D 电机 P 波
int startPWM = 75;
int PWM_Restrict=105;
int servopin1=29;//定义数字接口 9  连接伺服舵机信号线
int servopin2=31;
int servopin3=33;
int myangle;//定义角度变量
int pulsewidth;//定义脉宽变量

/************
  *舵机控制代码
  *************/
void servopulse1(int servopin,int myangle)//定义一个脉冲函数
{
pulsewidth=(myangle*11)+500;//将角度转化为 500 ~ 2480 的脉宽值
digitalWrite(servopin,HIGH);//将舵机接口电平至高
delayMicroseconds(pulsewidth);//延时脉宽值的微秒数
digitalWrite(servopin,LOW);//将舵机接口电平至低
delay(5000-pulsewidth);
}
```

```
void Set_PWM(int motora,int motorb,int motorc,int motord){

  //赋值给 PWM 寄存器根据电机响应速度与机械误差微调
  if(motora>0)analogWrite(AIN2,motora+startPWM),analogWrite(AIN1,0);
  else if(motora==0)analogWrite(AIN2,0),analogWrite(AIN1,0);
  //高频时电机启动初始值高约为 130,低频时电机启动初始值低约为 30
  else if(motora<0)analogWrite(AIN1,-motora+startPWM),analogWrite(AIN2,0);
  //赋值给 PWM 寄存器根据电机响应速度与机械误差微调
  if(motorb > 0)analogWrite(BIN2,motorb+startPWM),analogWrite(BIN1,0);
    else if(motorb==0)analogWrite(BIN2,0),analogWrite(BIN1,0);
  //高频时电机启动初始值高约为 130,低频时电机启动初始值低约为 30
  else if(motorb<0)analogWrite(BIN1,-motorb+startPWM),analogWrite(BIN2,0);
  //赋值给 PWM 寄存器根据电机响应速度与机械误差微调
  if(motorc>0)analogWrite(CIN1,motorc+startPWM),analogWrite(CIN2,0);
  else if(motorc==0)analogWrite(CIN2,0),analogWrite(CIN1,0);
  //高频时电机启动初始值高约为 130,低频时电机启动初始值低约为 30
  else if(motorc<0)analogWrite(CIN2,-motorc+startPWM),analogWrite(CIN1,0);
  //赋值给 PWM 寄存器根据电机响应速度与机械误差微调
  if(motord>0)analogWrite(DIN1,motord+startPWM),analogWrite(DIN2,0);
  else if(motord==0)analogWrite(DIN1,0),analogWrite(DIN2,0);
  //高频时电机启动初始值高约为 130,低频时电机启动初始值低约为 30
  else if(motord<0)analogWrite(DIN2,-motord+startPWM),analogWrite(DIN1,0);
}


void Get_RC()
{
  static unsigned char ReceiveInstruction;
  if(Serial3.available()> 0){
    ReceiveInstruction = Serial3.read();

    switch(ReceiveInstruction){
     //电机全向移动控制代码
     case 'Z': Set_PWM(0,0,0,0); break;//停止
     case 'A': Set_PWM(PWM_A,PWM_B,PWM_C,PWM_D); break;//前进
     case 'E': Set_PWM(-PWM_A,-PWM_B,-PWM_C,-PWM_D); break;//后退
     case 'G': Set_PWM(PWM_A,-PWM_B,PWM_C,-PWM_D); break;//左平移
```

```
        case 'C': Set_PWM(-PWM_A,PWM_B,-PWM_C,PWM_D); break;//右平移
        case 'H': Set_PWM(PWM_A,0,PWM_C,0); break;              //左上平移
        case 'B': Set_PWM(0,PWM_B,0,PWM_D); break;              //右上平移
        case 'F': Set_PWM(0,-PWM_B,0,-PWM_D); break;          //左下平移
        case 'D': Set_PWM(-PWM_A,0,-PWM_C,0); break;          //右下平移
       //与舵机控制板串口通信,控制机械臂运动
       //使用手机端按键控制
        case 'a':
         Controller.runActionGroup(1,1);//执行 STANDARD 动作组 1 次
         Controller.stopActionGroup();   delay(2000); break;//需要添加其他的动作组直接复制上述,修改对应参数即可
        //模拟舵机控制
        case 'j': servopulse1(servopin1,90); break;
        case 'k': servopulse1(servopin1,0);   break;
       }
     }
     }
   void OLED()
  {
    oled.clear();
    oled.drawstring(00,0,"opp:");
    oled.drawstring(71,0,".");
    oled.drawstring(93,0,"V");
  }

   void setup(){
    delay(500);
    pinMode(AIN1,OUTPUT);
    pinMode(BIN1,OUTPUT);
    pinMode(CIN1,OUTPUT);
    pinMode(DIN1,OUTPUT);
    pinMode(AIN2,OUTPUT);
    pinMode(BIN2,OUTPUT);
    pinMode(CIN2,OUTPUT);
    pinMode(DIN2,OUTPUT);
    pinMode(servopin1,OUTPUT);;
    Serial3.begin(9600);              //使串口 3 开启,用于蓝牙遥控
    Serial2.begin(9600);             //使串口 2 开启,用于和舵机控制板通信
```

```
}

void loop(){
   Set_PWM(PWM_A,PWM_B,PWM_C,PWM_D);
   delay(1000);
   Set_PWM(-PWM_A,-PWM_B,-PWM_C,-PWM_D);
   delay(1000);
   Set_PWM(2,2,0,0);
   Controller.runActionGroup(1,1);//执行 STANDARD 动作组 1 次
   Controller.stopActionGroup();    delay(2000);
   delay(1000);
   Get_RC();
   //OLED();

}
```

3.9.7 舵机编程测试

舵机测试代码如下：

舵机控制 I/O 口

D23 D25 D29 D31 D33

```
C
//Ic 总线相关库文件
#include <Servo.h>                          //Servo 函数库
// create PS2 Controller
Servo myservo1; // 定义 Servo 对象来控制
Servo myservo2; // 定义 Servo 对象来控制
int pos = 90;    // 角度存储变量

void setup(){
   myservo1.attach(31); // 控制线连接数字 31
   myservo2.attach(33); // 控制线连接数字 33
}

void loop(){
      myservo1.write(pos);
      myservo1.write(120);
      delay(100);
```

```
    myservo2.write(pos);    // 舵机角度写入
    delay(100);                               // 等待转动到指定角
                        // 等待转动到指定角度
  }
}
```

3.9.8　舵机和电机联合测试

同时控制电机和舵机转动

```
C
//Ic 总线相关库文件
#include <Servo.h>   //Servo 函数库
Servo myservo1; // 定义 Servo 对象来控制
Servo myservo2; // 定义 Servo 对象来控制

int AIN1 = 5;          //A 电机 PWM 波
int AIN2 = 6;         //A 电机 PWM 波
int BIN1 = 8;         //B 电机 PWM 波
int BIN2 = 7;         //B 电机 PWM 波
int CIN1 = 11;          //C 电机 PWM 波
int CIN2 = 12;          //C 电机 PWM 波
int DIN1 = 44;          //D 电机 PWM 波
int DIN2 = 46;          //D 电机 PWM 波
int pos = 0;     // 角度存储变量
void setup(){
  //
  pinMode(AIN1,OUTPUT);
  pinMode(BIN1,OUTPUT);
  pinMode(CIN1,OUTPUT);
  pinMode(DIN1,OUTPUT);
  pinMode(AIN2,OUTPUT);
  pinMode(BIN2,OUTPUT);
  pinMode(CIN2,OUTPUT);
  pinMode(DIN2,OUTPUT);

  myservo1.attach(33); // 控制线连接数字 33
  myservo2.attach(31); // 控制线连接数字 33
```

```
}

void loop(){
 digitalWrite(AIN1,HIGH); //右前方电机驱动的电平控制
 digitalWrite(AIN2,LOW); //右前方电机驱动的电平控制
 digitalWrite(BIN1,LOW); //左前方电机驱动的电平控制
 digitalWrite(BIN2,HIGH); //左前方电机驱动的电平控制
 digitalWrite(CIN1,LOW); //左后方电机驱动的电平控制
 digitalWrite(CIN2,HIGH); //左后方电机驱动的电平控制
 digitalWrite(DIN1,HIGH); //右后方电机驱动的电平控制
 digitalWrite(DIN2,LOW); //右后方电机驱动的电平控制

  for(pos = 0;pos <= 150;pos ++){ // 0° 到 150°
    // in steps of 1 degree
    myservo1.write(pos);
    myservo2.write(pos);// 舵机角度写入
    delay(10);                          // 等待转动到指定角度
  }

  for(pos = 150;pos >= 0;pos --){ // 从 150° 到 0°
    myservo1.write(pos);
    myservo2.write(pos);                // 舵机角度写入
    delay(10);                          // 等待转动到指定角度
  }

}
```

3.10 数字舵机舵机与 Arduino 的通信

3.10.1 思　路

使用舵机控制板编写动作组，使小车机械臂可以进行一系列基本动作。将舵机控制板接在 Arduino 主控板上，使两板通信，实现蓝牙遥控小车机械臂进行一系列动作组。

本案例适用于串口舵机，使用的是 LX15 舵机，通过控制板机械臂编写动作组，完成动作，然后，Arduino 主板开始调用里面的动作，完成通信，舵机控制板和 Arduino Mega 主板之间通过串口 2 通信。

3.10.2　舵机控制板与 Arduino 接线，

舵机控制板与 Arduino 接线如图 3-10-1 所示，串口接线及说明如图 3-10-2 所示。

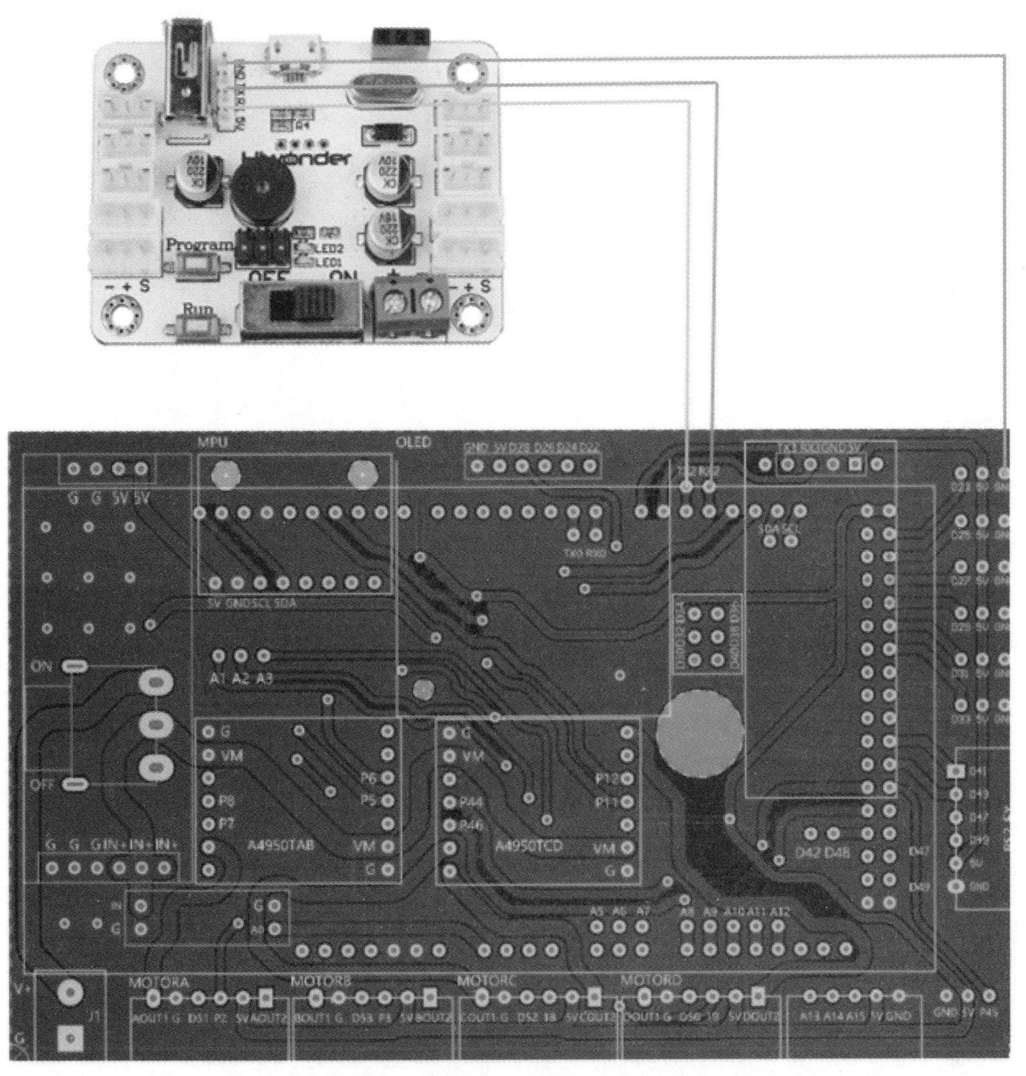

图 3-10-1　舵机控制板与 Arduino 接线

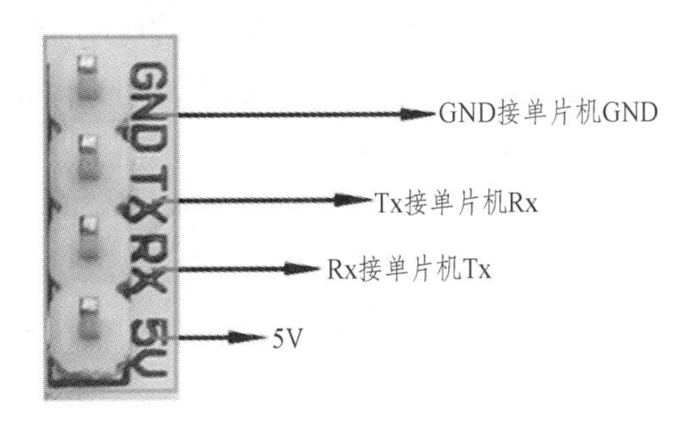

图 3-10-2　串口通信接线

3.10.3 代　码

```
C
#include "I2Cdev.h"
#include "MPU6050_6Axis_MotionApps20.h"//MPU6050 库文件
#include "Wire.h"                              //Ic 总线相关库文件
#include "LobotServoController.h"            //舵机交互库文件

#define STANDARD       1                  //宏定义一个动作组

LobotServoController Controller(Serial2);

char i;
int AIN1 = 6;           //A 电机 PWM 波
int AIN2 = 5;         //A 电机 PWM 波
int BIN1 = 8;         //B 电机 PWM 波
int BIN2 = 7;         //B 电机 PWM 波
int CIN1 = 12;          //C 电机 PWM 波
int CIN2 = 11;          //C 电机 PWM 波
int DIN1 = 44;          //D 电机 PWM 波
int DIN2 = 46;          //D 电机 P 波
int startPWM = 75;
int PWM_Restrict=105;


void Set_PWM(int motora,int motorb,int motorc,int motord){

  //赋值给 PWM 寄存器根据电机响应速度与机械误差微调
  if(motora>0)analogWrite(AIN2,motora+startPWM),analogWrite(AIN1,0);
  else if(motora==0)analogWrite(AIN2,0),analogWrite(AIN1,0);
  //高频时电机启动初始值高约为 130,低频时电机启动初始值低约为 30
  else if(motora<0)analogWrite(AIN1,-motora+startPWM),analogWrite(AIN2,0);
  //赋值给 PWM 寄存器根据电机响应速度与机械误差微调
  if(motorb > 0)analogWrite(BIN2,motorb+startPWM),analogWrite(BIN1,0);
    else if(motorb==0)analogWrite(BIN2,0),analogWrite(BIN1,0);
  //高频时电机启动初始值高约为 130,低频时电机启动初始值低约为 30
  else if(motorb<0)analogWrite(BIN1,-motorb+startPWM),analogWrite(BIN2,0);
```

```
  //赋值给 PWM 寄存器根据电机响应速度与机械误差微调
  if(motorc>0)analogWrite(CIN1,motorc+startPWM),analogWrite(CIN2,0);
  else if(motorc==0)analogWrite(CIN2,0),analogWrite(CIN1,0);
  //高频时电机启动初始值高约为 130,低频时电机启动初始值低约为 30
  else if(motorc<0)analogWrite(CIN2,-motorc+startPWM),analogWrite(CIN1,0);
  //赋值给 PWM 寄存器根据电机响应速度与机械误差微调
  if(motord>0)analogWrite(DIN1,motord+startPWM),analogWrite(DIN2,0);
  else if(motord==0)analogWrite(DIN1,0),analogWrite(DIN2,0);
  //高频时电机启动初始值高约为 130,低频时电机启动初始值低约为 30
  else if(motord<0)analogWrite(DIN2,-motord+startPWM),analogWrite(DIN1,0);

}

void gostraight(){
Set_PWM(2,2,2,2);
}

void goback(){
 Set_PWM(-2,-2,-2,-2);
}

void goleft(){
 Set_PWM(2,-2,2,-2);
}

void goright(){
Set_PWM(-2,2,-2,2);
}
void goleftstraight(){
Set_PWM(-2,2,-2,2);
}
void gorightback(){
 Set_PWM(0,2,0,2);
}
void gorightstraight(){
 Set_PWM(0,-2,0,-2);
}
void goleftback(){
```

```
 Set_PWM(-2,0,-2,0);
}
void stop1(){
 Set_PWM(0,0,0,0);
}

void setup(){
   delay(500);
 pinMode(AIN1,OUTPUT);
   pinMode(BIN1,OUTPUT);
   pinMode(CIN1,OUTPUT);
   pinMode(DIN1,OUTPUT);
   pinMode(AIN2,OUTPUT);
   pinMode(BIN2,OUTPUT);
   pinMode(CIN2,OUTPUT);
   pinMode(DIN2,OUTPUT);

   Serial3.begin(9600);
   Serial2.begin(9600);                    //使串口 2 开启
}
}

void loop(){
   if(Serial3.available()> 0){
      i = Serial3.read();
      switch(i){
        case 'a':
        Set_PWM(2,2,2,2);
          break;
        case 'b':
        Set_PWM(-2,-2,-2,-2);
          break;
        case 'c':
           Set_PWM(100,-100,100,-100);
          break;
        case 'd':
        Set_PWM(-100,100,-100,100);
          break;
```

```
    case 'e':
     Set_PWM(0,0,0,0);
     break;
          case 'f':
      Set_PWM(107,0,107,0);
     break;
          case 'g':
      Set_PWM(0,107,0,107);
     break;
          case 'h':
      Set_PWM(0,-107,0,-107);
     break;
          case 'i':
     Controller.runActionGroup(STANDARD,1);
     delay(2000);
     break;
   }
  }
}
```

第4章 基于电子工艺技术的创新创业教育课程研究

4.1 新时代劳动教育实践与创新创业教育

党的十八大以来，习近平总书记高度重视青年学生的劳动教育。在2020年召开的全国教育大会上，习近平总书记强调："要在学生中弘扬劳动精神，教育引导学生崇尚劳动、尊重劳动，懂得劳动最光荣、劳动最崇高、劳动最伟大、劳动最美丽的道理，长大后能够辛勤劳动、诚实劳动、创造性劳动。"党的二十大报告强调，"在全社会弘扬劳动精神、奋斗精神、奉献精神、创造精神、勤俭节约精神，培育时代新风新貌"。2020年，中共中央、国务院出台《关于全面加强新时代大中小学劳动教育的意见》，站在培养德智体美劳全面发展的社会主义建设者和接班人的战略高度，对切实加强新时代大中小学劳动教育作出全面部署，是构建德智体美劳全面培养的教育体系的重大举措。

教育的目的是培养人的活动，劳动教育对人的全面发展有着不可或缺、不可替代的作用，是磨炼学生意志、增强学生耐力、提高学生斗志、培养学生劳动精神的重要途径。劳动教育的核心目标就是通过劳动践来提升学生的技能和素质，培养学生的劳动观念、劳动技能和劳动精神，促进学生的全面发展。在劳动教育的熏陶下，大学生可以亲身参与各种技能的学习，接触到与未来职业相关的技能训练。此外，劳动教育还有助于学生树立正确的劳动观念，深刻理解劳动的价值和意义，增强个人的责任感和团队合作意识。我国很多年以前就提出要注重学生的德智体美劳全面发展，劳动教育是学校教育体系中不可或缺的一部分，许多学校精心设计了各种形式的劳动教育课程，如校内劳动、校内农场实践、校外劳动实践、社区及三下乡服务等，让学生通过亲身实践来体验劳动的艰辛与收获。这些课程不仅有助于提高学生的动手能力和创新精神，更有助于培养他们热爱劳动、尊重劳动者的良好品质。总之，应该重视并积极推广劳动教育，为学生的全面发展提供更多优质的教育资源和机会。

自从将劳动教育纳入到高校大学生必修课、必要培养环节后，各高校工程训练中心立即结合自身优势，结合劳动教育培养目标，开设了各式各样的劳动实践课程，以产品为导向，培养劳动精神、提高劳动技能，以学生劳动过程考核及劳动产品完成情况制定课程评价体系，将工程训练中心打造成为大学生劳动工厂。新时代大学生的劳动教育既要劳其筋骨，也要苦其心志，更要启智增慧，推陈出新，将劳动教育与专业技术结合在一起，与创新创业教育结合起来，让学生又要脚踏实地，也要紧跟时代前沿，用双手创造出特色、新颖、有商业价值的劳动作品。

近些年，国家提出纵深推进大众创业万众创新工作部署，各高校更加关注大学生的创新创业课程实践，尤其是各高校的工程训练中心及大学生科技园，均作出积极响应。创新创业教育是一种旨在培养具有创业基本素质和开创型个性的人才的教育模式，它不仅关注在校学生的创业意识、创新精神和创新创业能力的培养，而且面向全社会，针对打算创业、已经创业和成功创业的创业群体，分阶段分层次地进行创新思维培养和创业能力锻炼。创新创业教育本质上是一种实用教育，注重将理论知识与实践相结合，以培养具有创新精神和创业能力的人才。创新创业教育对于个人的成长和发展具有重要的意义，首先，它能够培养学生的创新思维和创业精神，提高学生的综合素质和就业竞争力。其次，创新创业教育能够帮助学生发掘自己的潜力和创造力，培养解决问题的能力，使学生在未来的职业和生活中更加具有创造性和自主性。

在创新创业教育的实践中，可以通过开展创业课程、组织创业实践活动、搭建创业平台等方式来实施。例如，开设创业教育课程，让学生了解创业的基本知识和技能；组织创业计划大赛、创新创意大赛、创业设计路演等活动，激发学生的创新思维和创业热情；搭建创业孵化器和创业园区等平台，为学生提供创业实践和资源整合的机会。充分发挥利用学校科技园和工程训练中心的优势，在大学生创新创业方面提供政策指导、条件支持、项目孵化。此外，政府和社会各界也应该支持创新创业教育的发展，政府可以出台相关政策，鼓励高校和企业开展创新创业教育，提供资金和资源支持，社会各界也可以通过投资、孵化等方式支持大学生创新创业项目的发展。创新创业教育是一种具有重要意义的实用教育，它能够培养具有创新精神和创业能力的人才，推动社会经济的发展，高校应该积极推广和实施创新创业教育，为社会的发展做出贡献。

在创新创业教育的发展过程中，各高校需要注意以下几个方面的问题。首先，创新创业教育需要注重实践性和应用性。理论知识的学习是必要的，但创新创业教育更需要的是实践和应用的环节。学生需要通过实际操作和项目实践来培养创新思维和创业能力，从而更好地理解和掌握创业知识和技能，不能仅有理论课而没有实践课程，也不能让学生的创业实践止步于想法上。其次，创新创业教育需要关注学生个性的发展和培养。每个学生都有自己的兴趣和特长，创新创业教育应该尊重学生的个性差异，因材施教，充分挖掘每个学生的潜力和创造力。此外，创新创业教育需要与市场需求和社会发展相适应。随着科技的不断进步和社会经济的快速发展，创新创业教育的目标和内容也需要不断更新和调整，以适应市场的需求和社会的发展。最后，创新创业教育需要建立完善的评价体系，评价体系的建立可以有效地衡量创新创业教育的效果和质量，及时发现和解决存在的问题，促进创新创业教育的健康发展。评价体系的建立应注重评价主体的多元性、评价方法的多样性和评价标准的科学性，以保证评价结果的客观性和公正性。创新创业教育的发展是一个长期的过程，需要政府、高校、企业和社会各界的共同努力和支持，只有各个高校通过不断改进和完善创新创业教育的模式和方法，才能培养出更多具有创新精神和创业能力的人才，为社会的进步和发展做出更大的贡献。

为进一步推进创新创业教育的实践课程发展，各个高校应当不断加强师资队伍建设，创新创业教育需要有一支具备创新思维和创业实践经验的教师团队。高校应积极引进和培养具有创业经验和创新思维的教师，同时也可以邀请成功的创业者和企业人士来担任兼职教师或导师，为学生提供更贴近实际的指导和建议。高校和企业可以通过合作，共同推进创新创业教育的发展。企业可以提供实践机会和资源，帮助学生将理论知识应用于实践中，同时也可以为创新创业项目提供资金和技术支持。高校则可以为企业提供人才和智力支持，促进企业创新和转型升级。高校可以搭建创新创业平台，为学生提供创业实践和项目孵化的机会。平台可以包括创业实验室、创客空间、创新创业大赛等，通过这些平台，学生可以更好地发掘自己的潜力和创造力，实现自我价值和创新成果的转化。政府也需要完善政策支持体系，出台更加优惠的创业政策，为创业者提供更多的支持和保障。例如，提供创业资金、税收减免、创业贷款等政策支持，降低创业门槛和风险，鼓励更多人参与到创新创业中来。

高校和社会也应当积极营造良好的创新创业文化氛围,鼓励创新思维和创业精神的培养。可以通过举办创新创业讲座、论坛、展览等活动，提高社会对创新创业的认识和理解，促进创新创业文化的传播和发展。归根结底，推进创新创业教育的发展需要政府、高校、企业和社会各界的共同努力和协作，打通各个服务渠道，不断探索和实践，才能培养出更多具有创新精神和创业能力的人才，为国家和社会的可持续发展注入新的动力和活力。

4.2 基于电子工艺技术的创新创业劳动教育课程设计

当前很多大学生赛事，经过多年的打磨凝练，赛事题目紧跟时代发展，在大学生能力培养方面具有良好的引导性和检验性。因此赛事题目对课程体系的建设和改革探索具有非常重要的参考意义。“挑战杯”中国大学生创业计划竞赛是由共青团中央、中国科协、教育部、全国学联主办的一项具有导向性、示范性和群众性的创新创业竞赛活动，每两年举办一届。根据参赛对象，分普通高校、职业院校两类。设科技创新和未来产业、乡村振兴和脱贫攻坚、城市治理和社会服务、生态环保和可持续发展、文化创意和区域合作五个组别。在“挑战杯”大学生创新创业竞赛中，参赛者需要提交一份创业计划书，该计划书需要包含市场分析、产品或服务介绍、营销策略、运营模式、财务预测等内容。评委将根据计划书的创新性、实用性、商业潜力和答辩表现等方面进行评分，最终评选出优胜者。此外，“挑战杯”大学生创新创业竞赛还有许多配套活动，如创业导师面对面、创业培训课程等，这些活动旨在为参赛者提供更全面的创业支持，帮助他们更好地实现创业梦想。“挑战杯”大学生创新创业竞赛是一个非常有价值的平台，它不仅可以帮助大学生提高创新创业能力，还可以为他们提供与业界人士交流的机会，拓宽人脉和资源。除了“挑战杯”大学生创业计划竞赛，还有许多其他类似的竞赛和活动，如“互联网+”大学生创新创业大赛、创青春等。这些竞赛和活动都旨在鼓励大学生积极投身创新创业，提高他们的创新能力和创业精神。本课程借鉴赛事模式，通常包括创新思维、创业计划、市场营销、财务管理等方面的内容，帮助学生掌握创新创业的基本知识和技能。对于想要投身创新创业的大学生来说，通过本课程的学习，我们逐步引导、指导学生参加竞赛和活动，同时提供资金、场地、导师等资源支持，为学生的参赛打下坚实的基础。

大学生是国家的未来和希望，大学生的创新创业能力对于国家的发展至关重要。希望更多的大学生能够积极投身创新创业，为国家的发展贡献自己的力量。除了参加竞赛和活动，大学生还可以通过其他途径提高自己的创新创业能力。例如，大学生可以加入学生组织或社团，参与组织策划各种活动，提高自己的组织协调能力和团队合作能力。此外，大学生还可以通过实习、兼职等方式了解社会和市场需求，为自己的创业计划提供更可靠的依据。

同时，大学生应该注重培养自己的创新思维和创业精神。创新思维是指能够从不同角度思考问题和寻找解决方案的能力，而创业精神则是指勇于冒险、坚持不懈、追求成功的精神。只有具备了这些素质，才能在创新创业的道路上走得更远。大学生应该保持积极的心态和乐观的情绪，不断学习和成长。创新创业是一个充满挑战和机遇的过程，只有不断努力和尝试，才能取得成功。希望更多的大学生能够勇敢地迈出创新创业的第一步，为自己的未来创造更美好的明天。

大学生在提高创新创业能力的同时，还需要关注了解国家和地方的创业政策，包括税收优惠、创业扶持资金、创业培训等。这些政策可以为创业提供一定的帮助和支持，让创业之路更加顺畅。其次，大学生需要了解市场和行业的发展趋势，掌握市场需求和竞争态势。只有深入了解市场，才能更好地制定创业计划和战略，抓住市场机遇。此外，大学生还应该注重培养自己的领导力和人际交往能力。作为创业者，需要具备领导团队和与人沟通的能力，以便更好地管理团队和拓展业务。大学生应该保持持续学习的态度，不断更新自己的知识和技能。随着市场的变化和行业的发展，只有不断学习，才能跟上时代的步伐，保持竞争力。大学生在提高创新创业能力的同时，需要关注多方面的发展，不断完善自己的能力和素质。只有这样，才能更好地实现自己的创业梦想，为社会的发展做出更大的贡献。

大学生在创新创业的过程中，也可以寻求导师和同行的支持和指导。导师通常是该领域的专家，他们可以提供宝贵的经验和建议，帮助大学生避免一些常见的错误和陷阱。同行则可以一起探讨问题和分享经验，彼此激励和支持，共同成长和进步。同时，大学生可以积极寻找合作伙伴和投资人。合作伙伴可以提供不同的视角和经验，共同承担风险和分享成果。投资人则可以为创业提供资金支持，帮助项目更快地发展和成长。当然，在寻找合作伙伴和投资人时，需要谨慎选择，确保彼此的价值观和目标一致。

除了以上的建议，大学生还可以利用互联网和社交媒体等渠道获取更多的信息和资源。互联网上有大量的创新创业资源和社群，大学生可以通过这些渠道了解最新的动态和趋势，与志同道合的人交流和合作。创新创业是一个充满挑战和机遇的过程，需要大学生具备坚定的信念和毅力。只有坚持不懈地追求自己的梦想，才能在创新创业的道路上取得成功。希望更多的大学生能够勇敢地迈出第一步，为实现自己的创业梦想而努力奋斗。

根据大学生劳动教育及创新创业教育的教学目标，结合大学生实际情况，新时代劳动课程要紧跟时代发展，同时符合新工科发展要求，课程设计借鉴“挑战杯”大学生创新创业赛事，对创新创业课程、劳动教育课程进行了深入的改革和探索，制定全新教学体系，课程教学目标旨在提高学生动手实践能力的基础上，向培养学生创客化、创新能力方向发展。训练任务作品紧跟时代发展，密切联系大学生竞赛题目、创新动向，劳动作品符合市场规律需求。

通过学情分析，学生一般前期已修完电工技术、数字电路、模拟电路、C 语言编程等课程，但学生动手能力差，理论联系实际不足，创新应用能力欠缺，因此对实践课程非常感兴趣，急于检验自己的学习成果。

通过参照竞赛、紧跟市场需求设计个性化劳动作品串接劳动的各个模块环节，劳动的任务作品具有独特性、前瞻性及其协作性激发学生的实践热情，提高课程参与的获得感，作品的开源性、创新性锻炼了学生成体系化的工程技能。学生参与本门课程后，可以掌握电子电路系统设计、传感器与微控制器、一般软件开发与强电控制等方面的知识，获取较为完整的创客创新开发工具和平台。

通过劳动，提高了学生思考问题的积极性和综合性，培养学生的安全意识、质量意识、劳动观念、创新思维，激发学生科技创新的热情。在教学实践过程中不断融入思政元素，融入培养了学生理论联系实际的科学作风和严谨、精益、专注、敬业、创新的工匠精神，提高学生在劳动中的综合素质。

课程背景：课程紧密围绕创新创业教育理念，以产业需求为导向精心开发了训练作品，以 KAPI 一体化培养整合了四个训练单元，以促进多学科交叉融合为目的设置了训练内容，训练作品具有延展性、创新性，学生可在此基础上开发更多的功能。

为了达到润物细无声的课程思政教学效果，落实立德树人根本任务，引导学生将国家利益与个人发展紧密结合在一起。课程寓价值观引导于知识传授和能力培养之中。一直以来国产计算机辅助软件发展相对落后，很多行业的支柱软件还依赖于国外，使我国的工业发展存在着被卡脖子的风险，因此在电路板的设计环节中，可以给学生介绍了一款国产优秀的电路板设计软件——立创 EDA，指导学生用国产软件作作品，增强民族自信，鼓励学生努力突破更多“卡脖子”技术。在电路板焊接过程中，可以通过讲述一位被誉为独手焊侠的大国工匠卢仁峰的先进事迹，鼓励学生刻苦磨炼技能，精益求精、努力学习先进并成为先进。课程任务的完成与成绩的评定均以小组为单位，努力营造合作空间锻炼学生的团结协作能力。

学情分析：本课程面向全校理工科专业的大学二、三年级的学生，他们对于劳动实践课程兴趣浓厚，同时具备一定的专业基础，但缺乏多学科交叉融合的应用能力和大工程观念，在以往的实验课程中，学生具备了一定的动手实践能力，但缺乏解决实际工程问题的能力，应用能力、创新能力、协作能力也明显不足。

一提到劳动课程，很多学生的第一印象就是用自己的双手完成一个作品，基于双创的教育理念，授人以鱼，更要授人以渔，劳动作品更应当作为一个媒介，通过参与完成任务作品的全过程，使学生掌握解决工程问题的方法和技能才是最重要的。

基于这一理念，设计了如下的课程内容和教学目标：

课程通过项目作为引导，指导学生制作一款独立开发的可编程 LED 沙盒，作品由 8 行 8 列的 LED 显示矩阵组成，外观类似 PSP 游戏手柄。

学生完成劳动作品后可与同组的作品进行串联，拓展显示空间，也能通过设计的上位机，实现与 PC 机通信互联。鼓励学生进一步创新，开发作品的更多功能。在完成任务的过程中，学生一定存在很多知识短板和解决不了的问题，鼓励学生通过自学、查找文献，自己想办法解决问题，为此课程组专门打造了线上数智工训平台，学生可通过该平台查阅文献资料、预约教室、交流讨论。建立一个多学科交叉融合的创客实践平台，为学生提供软硬件设备和技术支持。学生通过这个平台中完成作品的制作，在此过程中也掌握了 EDA、LabVIEW 等计算机辅助设计软件的应用以及电子电路技术、传感器与微控制器技术方面等知识。

通过两个平台实现了以下四个教学目标，即基础目标、能力目标、创新目标、素质目标。为了更好地达成四个目标，课程内容进行了精心的设计和安排。训练内容共有五个单元，以一款智能劳动产品为导向，将后续单元串联起来形成闭环，使劳动项目的 KAPI 培养一体化。在第一环节中，向学生讲解屏幕的显示原理，激发学生兴趣，进而分析电路设计，最后教会学生使用 EDA 软件，指导学生设计出这款产品的 PCB 电路板、在第二环节中，首先向学生介绍电子元器件的识别和检测，同时教会学生电烙铁的使用要领和焊接工艺，然后安排学生利用电烙铁完成任务作品的焊接组装，实现其显示功能。在第三环节中，基于开源的控制平台，通过一系列测控系统的设计教会学生编程的理论和方法。第四个环节指导学生利用 LabVIEW 软件通过图形化编程的方式为作品设计上位机，实现其与计算机通信。学生还可以在此基础上进行二次开发，使其实现更多的功能，培养创客思维，提升创新能力。最后，教师通过竞赛及团队汇报的方式对成绩进行评定。为考核教学目标是否达成，建立了创客化的多维度和多元化的考核方法，不以某个项目知识和技能成绩作为衡量学生成绩的唯一标准，更加注重任务的实施过程，把作品功能的开发应用、所学知识的迁移应用、专利申报情况、备战各类竞赛情况以及项目汇报情况等元素作为增值评价的内容，同时注重学生的分析问题与解决问题能力、团队协作能力、创新能力和劳动能力的评价。考核由过程性评价、任务作品评价、增值评价三个部分构成。每一个评价环节均由团队互评、组员互评和教师评价三部分组成，使得评价更加客观公正，其中组员互评也有效预防在团队内个别学生不作为的情况发生。在完成课堂任务后，很多学生对硬件作品的功能进行了二次开发，比如有些学生将作品应用到车牌录入识别系统中，有些学生还借助作品的 Wi-Fi 模块，开发了类似于贪吃蛇、俄罗斯方块等联机小游戏。更重要的一点，学生在本课程中所掌握的劳动技能，应用在各级各类竞赛、毕业设计、专利申请、论文发表等方面，均取得了优异成绩，课程改革效果良好。

4.3　作品设计

劳动作品的设计既切合劳动教育、双创教育培养目标，又与大学生的专业紧密结合起来，学生在完成作品制作后按照要求实现其基本功能，同时还可以开发其更多功能，充分调动创新能力、团队协作能力。作品的完成与功能的开发提升了学生辛苦劳动后的成就感，让学生尊重劳动、热爱劳动、体悟劳动。

作品的制作过程分为电路设计、电路板焊接、功能实现三个环节，下面按照硬件设计制作、软件设计两部分详细介绍。

作品的主工作部件是一个 8 行 8 列显示屏，作品完成后可以动手操作，编辑出任意形状的图案、文字，然后存起来播放。最后，学生在完成单个作品的制作后，可以相互串起来，进行更丰富的显示，实现互联互通，可以与教师开发的 demo 版的上位机软件进行联机通信。学生在完成劳动作品后，可以在这个硬件的基础上，做二次开发，编写一个贪吃蛇、俄罗斯方块这样的经典小游戏，让这个作品真正地变身游戏机。基于主控器上面的 Wi-Fi 模块，学生们还可以设计一个能联机对战的全新游戏。充分地发挥想象，用学生们的智慧，让这个作品发出更亮的光。

作品的工作原理，也就是常见的 LED 屏的显示原理。先看显示部分，基本单元是发光二极管，本质上还是一个含有 PN 结的二极管，具有单向导电性。所以当其正极是高电平，负极是低电平时，就能导通并发光。但由于二极管导通后，内阻是很小的，因此需要串接一个限流电阻，防止电流过大烧毁 PN 结。作品的核心是一枚微控制器，也叫单片机，他具备正常计算机的几乎所有主要结构，我们给微控制器编程，使它的引脚产生特定的信号。但是，芯片引脚数量有限，而被控屏幕的发光点数量巨大，所以这里引入了移位寄存器，分别进行行控制和列控制。通过一个芯片数据引脚串行输入二进制信号给移位寄存器，移位寄存器再并行输出这些信号到对应的引脚，来驱动显示元件。具体来看一下移位寄存器的控制作用，上边这只的每个引脚都连接了一行 LED 的正极，下边这只的引脚分别连接了一列 LED 的负极，所以，当正极给 1 高电平时，只有负极给 0 低电平的单元，具备正向的电压差，可以被点亮。然后进行行扫描，行信号往下移，同时给出新的列信号，这样就能依次点亮每一行的特定发光单元。但是，想要看到一整幅图片，怎么办呢？这时候就要利用视觉暂留现象了。加快扫描的速度，提高工作频率，这幅图像就越来越明显了！大街小巷里光鲜亮丽的显示屏，都以这样的方式在循环。

明确作品工作原理后，开始进入作品制作环节，首先在 EDA 软件上绘制出原理图，并转换成 PCB 图，这里我们在前面的章节中有详细介绍，这里不再赘述，然后将设计好的 PCB 图通过制版机打印出来，将配备好的电子元器件发放给学生，学生使用电烙铁完成组装焊接，通过我们的主板检测实现显示功能后，即可进入下一环节上位机设计。

4.4 可串联 LED 沙盒的上位机设计

本节利用 LabVIEW 软件为作品设计一个上位机，实现作品与 PC 机通信互联。LabVIEW 是一种程序开发环境，由美国国家仪器（NI）公司研制开发。它使用图形化编程语言 G 编写程序，产生的程序是框图的形式。LabVIEW 软件是 NI 设计平台的核心，也是开发测量或控制系统的理想选择。LabVIEW 具有以下特点。

（1）可视化编程：通过拖拽和连接不同的节点来创建程序，使编程更加直观和易于理解。

（2）数据流编程：程序以数据流为中心，数据在节点之间流动，节点会根据输入的数据自动执行。

（3）硬件支持：LabVIEW 支持多种硬件设备，如传感器、执行器、控制器等，可以通过 NI 的硬件设备和驱动程序来实现与硬件设备的连接和通信。

（4）丰富的函数库：LabVIEW 包含了丰富的函数库，可以支持各种数据处理、信号处理、控制和测量等应用。

（5）广泛应用：适用于各种领域的应用，如数据采集、自动化控制、仪器测试、信号处理、机器视觉、运动控制等。LabVIEW 开发环境集成了工程师和科学家快速构建各种应用所需的所有工具，旨在帮助工程师和科学家解决问题、提高生产力和不断创新。

4.4.1　上位机设计原理

在计算机上运行，与硬件设备连接，传输数据和控制指令的工具一般称为上位机软件。软件开发是一个系统工程，需要较为专业的知识储备和开发工具。工科专业学生的计算机软件的课程，一般只讲到微机原理、C 语言程序设计等，但他们在进一步拓展工程实践的过程中，基于软件定义硬件（Software Defined Machine）的概念，往往离不开软件设计的加持。由此可见，强烈的软件开发需求与薄弱软件设计知识储备形成了一个矛盾和障碍，限制了传统工科学生前进的步伐。基于此，本课程设计了对于电子工艺实训作品的上位机开发环节，引入 LabVIEW 图形化虚拟仪器开发平台，力求用最短的时间带领同学们实现一个小型软件的开发。此环节将传统工科学生引入图形化虚拟仪器开发平台，一定程度上弥补了学生软件设计功力弱的缺陷，提高综合能力，助力新工科转型。

4.4.2　LabVIEW 图形化虚拟仪器开发平台

虚拟仪器技术是指根据用户要求由软件定义通用测量硬件功能的测量仪器系统。LabVIEW（Laboratory Virtual Instrument Engineering Workbench）是虚拟仪器技术和图形化编程平台的开山鼻祖之一，它由美国国家仪器（National Instrument，NI）公司于 1986 年研制推出，之后不断有迭代和升级，适用于 Windows PC、Linux 及 Mac OS 三大操作系统平台，支持来自数百不同厂家的数千种设备，提供针对不同硬件设备的一致性编程框架，可帮助工程师大幅缩短开发时间。经过 30 多年来的不断发展，LabVIEW 已经从最初简单的数据采集和仪器控制工具发展成为科技人员用来设计、发布虚拟仪器软件的图形化平台，成为测试测量和控制行业的标准软件平台。LabVIEW 与其他计算机语言的显著区别是：其他计算机语言都是采用基于文本的语言产生代码，而 LabVIEW 使用的是图形化编辑语言（G 语言）编写程序，产生的程序是框图的形式。学习 LabVIEW 一般有系统型学习方法、探索型学习方法和目标驱动型学习方法等。这三种方法之间并不矛盾，可以在不同的时段使用不同的方法。鉴于课程本环节的时间限制，在这里主要基于设计所制作作品的上位机软件这个目标来驱动大家学习 LabVIEW。

完成本环节实训项目，硬件上需要至少一个已经制作完毕的电子工艺实训作品——“可串联 LED 沙盒”，一块 Arduino UNO 开发板或兼容 Arduino UNO 的 WeMOS D1 开发板，以及一台安装了 LabVIEW 开发环境的计算机。注意，除了 LabVIEW，该计算机还需要安装 NI-VISA 驱动（在 LabVIEW 中为以太网、GPIB、串行、USB 和其他类型的仪器提供支持）。最后，因为目前的计算机一般不再有硬件串口，所以还需要安装一个 USB 转串口的驱动，根据所采用的转换芯片选择对应驱动程序。在 Arduino 微控制器这一体系，常用的有两种，一是原生 USB 转串口驱动（安装 Arduino 开发环境时附带安装），二是 CH340 系列芯片驱动（其驱动程序以 CH34X 命名）。

4.4.3　可串联 LED 沙盒上位机的软件逻辑

电子工艺实训环节的作品——可串联 LED 沙盒，在插入烧录了 DEMO 代码的主控制板后，具备简单的私有串口通信协议。本环节所做的上位机软件开发，简单来说，就是编写一个工具，采用该私有协议与可串联 LED 沙盒的主控板做交流，告诉他应该显示什么，怎么显示等。该上位机设计分为 3 个部分的工作：人机交互界面、私有协议串口通信、人机交互响应。其关系如图 4-4-1 所示。

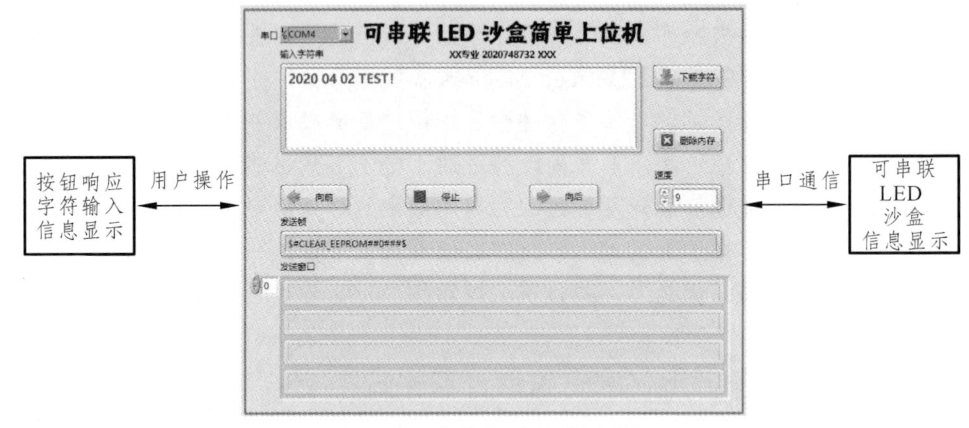

图 4-4-1　上位机功能设计分区

对于前面板上的按钮响应，用 LabVIEW 的事件结构来处理。这里将每一次单击按键都看成是一个事件，在事件窗口编辑相应的逻辑。

串口通信这里需要注意，LabVIEW 的串口操作一般包含如下函数控件：选择硬件串口、配置串口、VISA 读取、VISA 写入、关闭串口等。

4.4.4　前面板界面设计

前面板是程序运行时的人机交互界面。LabVEW 中可以用所见即所得的方式构建前面板元素，而且有大量的预置控件，操作非常方便。下面，一步一步实现一款简单的可串联 LED 沙盒上位机软件前面板设计。

打开 LabVIEW 主界面，在文件菜单处选择“新建 VI”。如图 4-4-2 所示，一般推荐大型的开发项目使用新建项目来管理多个 VI。本环节由于功能简单，基本上可以在一个 VI 内解决。

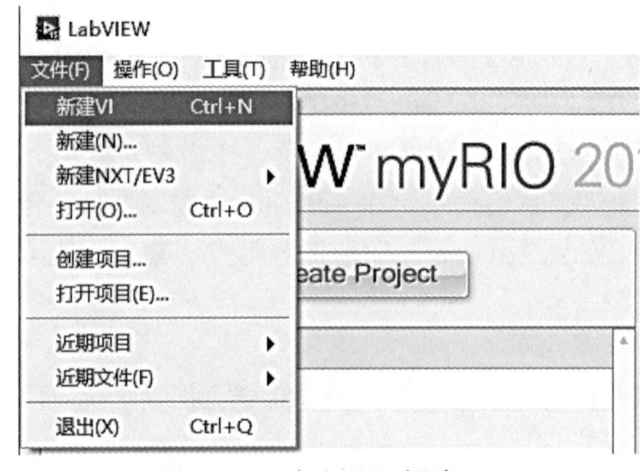

图 4-4-2　在主界面新建 VI

新建的 VI 会自动弹出前面板和程序框图两个窗口。此时，先最小化程序框图，在前面板窗口操作。在前面板的控件菜单中（如果没有显示控件菜单，可以鼠标右键单击出现，并可点击控件选板左上角的图钉按钮使其固定显示），找到字符串输入控件，并将其放置到前面板工作区，拖动设置好控件大小。其内部显示字号、颜色、样式等可以通过窗口菜单栏第二行的文字属性设置选项进行操作，需要注意的是，此时要将光标置于字符串输入控件内并做点选操作（比如选中其内部文字），然后控件菜单中找到按钮，将其拖入前面板工作区。按钮一般默认在其上方有文字描述，该描述称为这个控件的标签，即变量名字。每一个控件应当有独一无二的标签名，所以这里要注意设置。同时，按钮大小，以及控件上显示的文本也可以按需编辑。接下来，以同样的方法放置其他按钮。然后设置所有按钮的机械动作方式：右键单击按钮，在弹出的菜单中找到机械动作，选择保持转换直到释放。如此设置之后，按钮的操作比较符合常规惯例。然后，在控件选板的数值菜单中找到数值输入控件，并放置到工作区，将其更名为速度，作为控制 LED 显示速度级别的参数。然后设置数据类型，右键单击该控件，在弹出的菜单中选择属性。在弹出的属性对话框中，首先将数据类型由默认的 Double 换成 Int8，然后在数据输入中，设置最大值、最小值以及增量。

接着，制作通信状态监视部分。首先，找到字符串显示控件，将其拖入工作区，设置大小，键入标签名。然后，创建一个数组，用以容纳多帧信息。在数组、矩阵与簇选板中，找到数组控件，将其拖入工作区，调整好大小，设置标签名。

此时的数组控件是一个空的空间，内部变量和数据类型都没有确定。复制并粘贴一个发送帧字符串显示控件，并将其拖入数组控件，然后将鼠标放到数组控件的外框处，单击下方中间的框选点往下拖动，即可拖拽出其余的行，如图 4-4-3 所示。

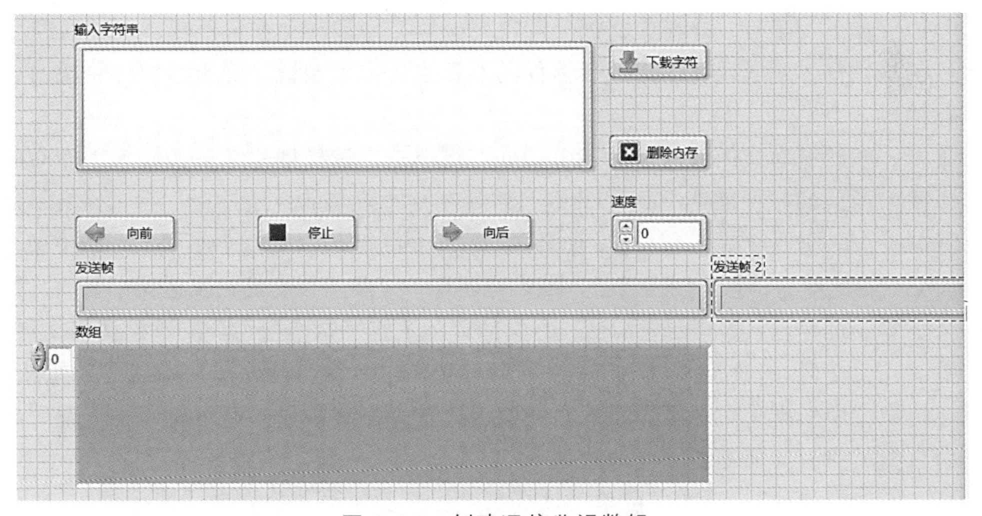

图 4-4-3　创建通信监视数组

接下来在页面上方空白处双击，键入所设计的软件名字，设置文字的格式、样式等。然后，可以在控件菜单中找到修饰选板，美化软件界面，比如为功能区添加边框等。大家可以发挥美术特长，设计出美观的界面，如图 4-4-4 所示，至此，前面板人机交互界面设计告一段落。

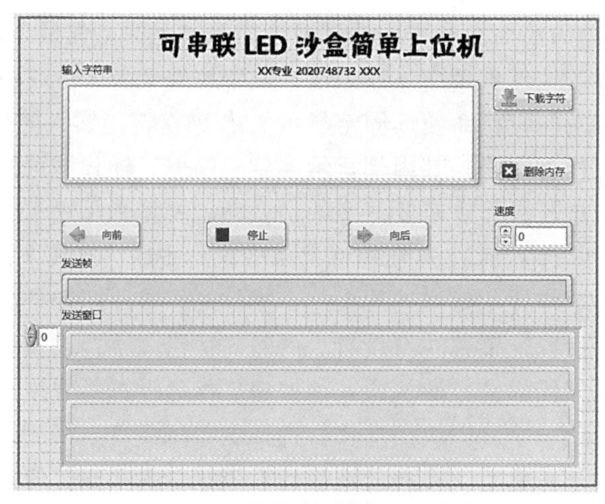

图 4-4-4　美化前面板界面设计

4.4.5　串口通信设计

串口通信设计是本软件的逻辑核心，起到连接软件和硬件的作用。此时，进入程序框图窗口，前面板设计时引入的控件在这里都有一个对应的逻辑图标，可稍作整理，不同颜色代表了不同的数据类型。

首先需要配置串口，在函数菜单中，找到数据通→协议→串口选板，选择配置串口函数。将光标移到配置串口函数的左上角引脚处，当光标变成纺锤形时，在右键单击出来的菜单中选择创建输入控件。然后会自动新增一个已经连线的串口选择控件。

将该控件命名为串口，并在前面板上调整好位置。如果驱动安装正确，并且已经在 USB 口插入控制板硬件，则可以在串口选择控件的右边点击向下按钮，弹出当前计算机已连接映射的串行接口。

接下来，在配置串口函数左上第二引脚处右键单击，选择创建常量，输入 1000000，由此设定了串口通信的波特率是 1000000bps。然后在程序菜单的结构选板，点击 while 循环函数，然后在工作区拖拽绘制一个 while 循环框。在 while 循环框的右下小圆点（结束条件）的输入引脚处，右键单击，选择创建常量，由此构建了一个死循环。找到发送窗口控件（数组），在其输入引脚右键单击，选择创建常量，由此构造一个空字符串数组。在函数菜单找到 VISA 写入函数放入工作区，将其 VISA 资源输入引脚与 VISA 串口配置函数的 VISA 资源输出连接，并在其左边第二个引脚（发送字符）处右键单击，选择创建常量，英文输入法下键入#$。在数据通信选板，找到局部变量，并放置到 while 循环内，右键单击该局部变量，在弹出的菜单中选择“转换为读取”。再次右键单击该局部变量，弹出菜单中有个“选择项”，这里边会列出当前创建的所有控件，选择其中一个控件，则将该局部变量变成这个控件的一个替身，其内容指向原控件。这里，选择“发送窗口”。需要注意的是，局部变量在映射控件之后，一般不进行复制粘贴操作，否则会出现错误。在数组选板，找到“数组大小”函数，将其拖动到“发送窗口”局部变量后，并连接。该函数可以计算出输入数组内元素的数量。此时加入一个比较函数，判断数组元素数量是否大于 0。由此引入一个条件结构。在函数菜单的结构选板，找到条件结构，单击后，在 while 循环内绘制一个条件结构框，将“是否大于 0”的判断结果连入条件结构框左边中间的条件选择框，因为判断结果为“真”或者“假”，所以，对应的选择结构会有这两个分支。

在选择结构的“真”分支，绘制一个平铺式顺序结构，在该结构内放入一个 VISA 发送结束符操作，同时，放置一个延时 100 ms 的操作。将光标放置到平铺式顺序结构框，在右键单击弹出的菜单中选择“在后面添加帧”。在第二帧顺序结构框中，绘制一个“For 循环”。

将“发送窗口”局部变量的输出，连接到 For 循环外框，正常会变成索引模式（框上的连接点是空心的）。然后将字符串显示控件“发送帧”放到 For 循环内，其输入引脚连接字符串数组“发送窗口”的索引输出。同时，如之前一样，设置一个 250 ms 的延时操作。最后，放置一个 VISA 写入函数，其 VISA 资源输入脚连接前一个 VISA 写入函数的资源输出脚，发送字符串输入引脚连接字符串数组“发送窗口”的索引输出。在顺序结构第三帧中，放入一个 VISA 发送结束符操作。但 VISA 资源引脚连接时可能出现错误，这是因为 For 循环结束时，自动对内部的输出变量进行了索引。此时，只需在 For 循环框的 VISA 资源出线端（空心），右键单击，在弹出的菜单中选择隧道模式，进而选择最终值，这样就禁用了索引。接着，先设置一个 50 ms 的延时，然后放入一个局部变量，映射发送窗口，将之前的空字符串复制粘贴到这里，作为该局部变量的输入，这样相当于清空该数组的值，是一个重置操作。在 While 循环框的外部，放置 VISA 关闭函数，并将上一个 VISA 写入的 VISA 资源输出接到该函数的输入脚。

此时会发现，菜单栏的运行按钮显示有错误，这是因为，条件结构框的“VISA 资源”输出端是空心的，它在另一分支内没有指定对应的值。将光标移到条件结构顶部的条件选择框，点向下按钮，进入“假”分支页面。将条件结构框的 VISA 资源输入与输出直接连接，即完成了串口通信部分的逻辑。

4.4.6　按钮事件逻辑设计

1.“下载字符”按钮事件的逻辑设计

前面板上的按钮操作，是通过事件结构来实现的。首先绘制一个 while 循环框，如之前一样设置结束条件，构成死循环，然后在框内绘制一个事件结构。在事件结构框顶部的事件选择窗口右键单击，选择“编辑本分支所处理的事件”。在弹出的窗口中，事件源选择前面板定义的“下载字符”按钮，事件选择“鼠标按下”，然后点“确定”。在生成的本分支中放入输入字符串，然后在编程→字符串→路径/数组/字符串转换选板中，找到“字符串到字节数组”函数，放到事件分支。然后，点击函数菜单的“选择 VI”，在弹出的对话框中找到给大家拷贝的“ASC-II-LibASC-II-Lib.vi”，该 VI 内置了 ASC-II 字符在可串联 LED 沙盒上显示的库。然后绘制一个 For 循环，将输入字符串转换后的输出和 ASC-II 字符库的输出都接入该循环，输入字符串采用自动索引（空心接入点），字符库需要禁用自动索引（变成实心接入点）。做这个 For 循环的目的是以输入字符串为索引在字符库中查找对应显示数据，然后将显示数据整理到“发送窗口”这个数组控件，最后，负责串口通信的循环在检测到“发送窗口”存在数据时，将这些数据一帧一帧发送到“可串联 LED 沙盒”硬件。因此，连接后，在 For

循环中加入一个索引数组函数。然后，在 For 循环外部，放置一个局部变量，映射“发送窗口”数组控件，此时 For 循环的输出采用自动索引以构建数组。如果一切顺利，这时已经可以在主页面向主控板发送要显示的字符。

2. 其他按钮的功能逻辑设计

每一个按钮被按下都是一个独立事件，因此需要在事件结构中添加相应的分支。将光标移至事件选择窗，右键单击后，在弹出的菜单中选择“添加事件分支”。

这里先添加“删除内存”按钮事件，其设置如图 4-4-5 所示。

图 4-4-5　添加“删除内存”按钮事件

“删除内存”按钮事件主要是发送字符库里的第 2 条指令，因为是单一指令，直接将其放入“发送窗口”控件时，会出现数据类型不匹配的错误，故需要使用创建数组函数。然后放置一个局部变量，将其映射为“发送窗口”控件，创建数组函数的输出便可给到“发送窗口”。继续添加事件分支，选择“停止”按钮。“停止”按钮按下后，“可串联 LED 沙盒”上正在滚动的图案便会停止运动，主要下发两条指令，需要创建两个“字符串常量”。一条设定速度为 0，另一条设定方向为 0。之后放置一个创建数组函数，将两条指令合并成数组后给到“发送窗口”控件。可以选中创建数组函数，拖拽其边框以增加或减少输入数量。然后创建“向前”按钮事件分支，按图 4-4-6 所示进行设置。

设置方向也需要传输两条指令，一条是速度，另一条是方向。速度取自前面板“速度”数值输入控件里的值，这里用局部变量的方式，需要注意的是，该局部变量要设置为读取。然后找到“数值至十进制字符串转换”函数，将整数型“速度”值转换为字符串型。找到“连接字符串”函数，在字符串型速度值的前后分别加入字符串，构成设置速度的信号帧。接着，放置“创建数组”函数，在速度帧后，创建字符串常量键入方向帧，组成字符串数组后，给到映射“发送窗口”数组的局部变量。与“向前”按钮一样，创建并设置“向后”按钮事件分支。“向后”按钮事件的执行逻辑几乎与“向前”按钮一样，不同的是，方向帧的方向对应数值是 4。最后，添加“速度”数值输入控件的事件分支，其设置与之前稍有不同，事件是“值改变”。也就是说，一旦该控件发生数值输入改变，程序则会执行本事件分支。“速度”值改变事件分支的执行逻辑只是单纯地发送一个当前速度帧。至此，所有的程序框图逻辑设计完毕，可以进入调试阶段。

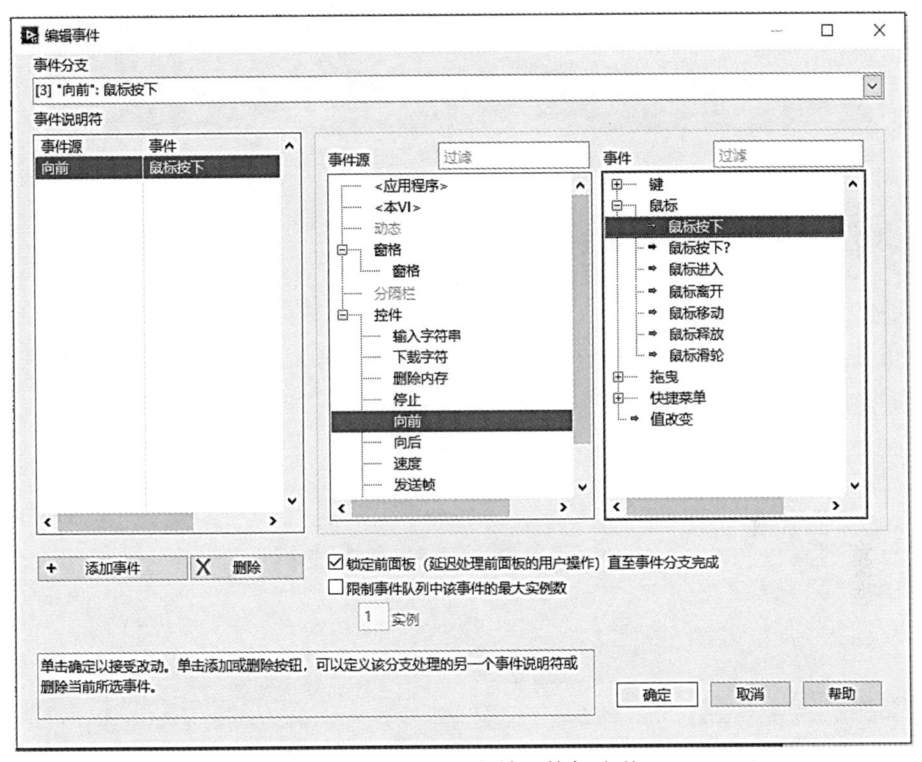

图 4-4-6　添加“向前”按钮事件

4.4.7　软件联调测试

具体调试之前，要对前面板程序运行的界面做一定的设置，使其能规整一点。首先，调整前面板窗口大小至刚好覆盖软件所有控件。然后，单击菜单栏“文件”，在下拉菜单中选择“VI 属性”。在“VI 属性”对话框的类别窗口，下拉找到“窗口大小”。在“窗口大小”设置页面点选“设置为当前前面板大小”。然后切换到“窗口运行位置”设置页面。在“窗口运行位置”设置页面的“位置”选项中点选居中。这样，软件在运行时，会以当前设置的大小居中显示。

以上只是一种简单的软件运行窗口设置，大家尽可以尝试别的方法和效果。之后，将在电子工艺实训环节焊接的“可串联 LED 沙盒”插上 Arduino UNO 主控板或其兼容的 WeMos D1 主控板，用 USB 线连接主控板与计算机，等计算机识别完设备后，在前面板串口控件中点选当前连接硬件映射的串口号码，然后单击菜单栏的运行按钮（右箭头），此时便可以在输入字符串控件中键入英文字符或数字，之后单击“下载字符”按钮，观察硬件和软件的反应。同时，也可以尝试其他按钮或者改变速度，如图 4-4-7 所示，至此，这款简单的上位机软件开发就告一段落。

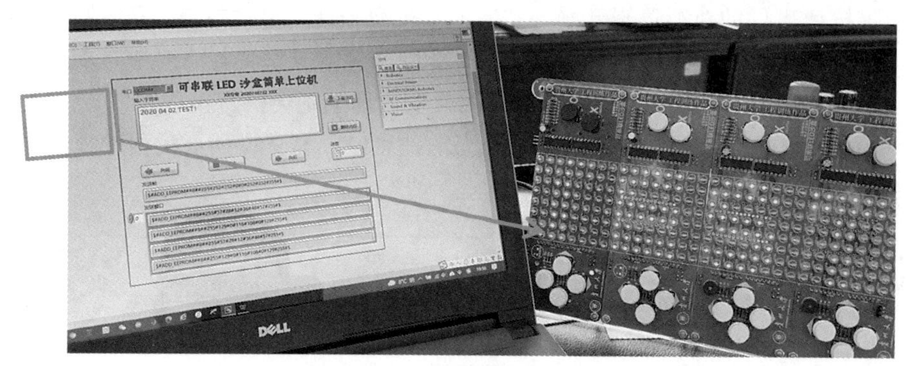

图 4-4-7　连接硬件，运行测试

4.4.8　Extension：尝试挑战

为了激发学生的挑战创新能力，还可以让学生尝试完成以下问题：

（1）在上位机软件中映射与硬件相同的 8*8 矩阵 LED，并能编辑图案，下发至可串联 LED 沙盒进行显示，如图 4-4-8 所示。

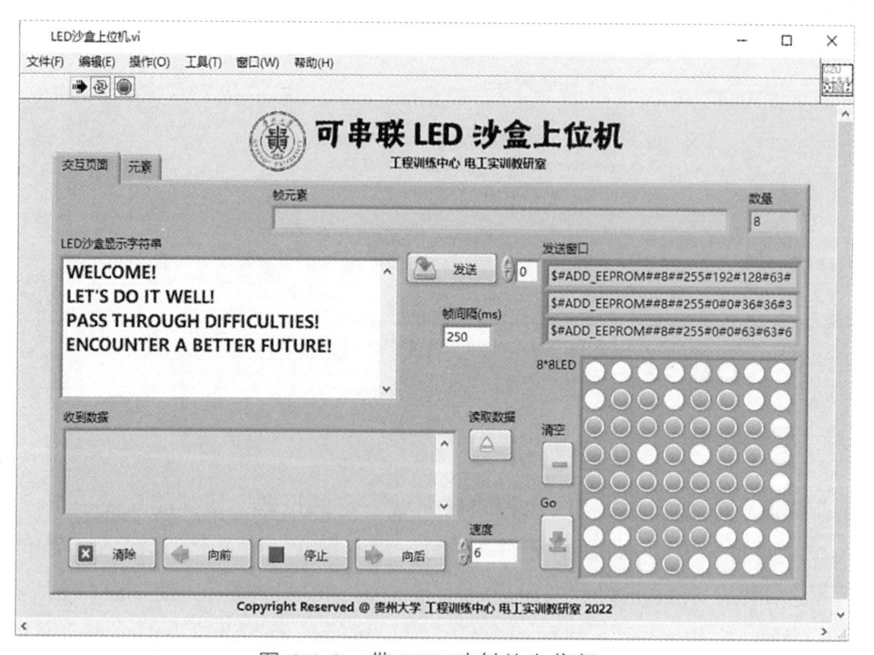

图 4-4-8　带 LED 映射的上位机

（2）以本环节的通信协议设计为基础，你能以软件定义硬件的理念，利用已有硬件，设计软件部分，使可串联 LED 沙盒硬件改变或增加功能吗？

（3）串口通信设计部分，尝试使用中断的方式，降低 CPU 占用率。

（4）能否进一步美化软件运行界面，使其更有风格、更具特色？

（5）尝试打包“.exe”可执行文件，尝试打包安装文件。

4.5　基于 labVIEW 软件的创新实践课程拓展

上一节利用 LabVIEW 软件给作品设计了一个上位机，掌握了该软件编程方法，这一节利用所掌握的技能，自主设计一个计算器，既能够巩固 LabVIEW 软件的使用，还能提高创新应用能力。

1. 项目创建与用户界面设计

打开 LabVIEW 软件，点击菜单栏的“文件”，新建项目，并在新项目中创建新的程序（VI）。

新建的 VI 会对应两个窗口，一个是前面板，即是设计用户界面（UI）的窗口；另一个是程序框图窗口，编写前面板对应的逻辑。在新 VI 的前面板，我们在空白处右键单击，会出来控件板，内置了常用控件。此时，先拖入一个字符串显示控件。

该显示控件将作为计算器的显示器，所以需要单击一下控件本体，然后将其调整到适合大小。之后右键单击控件，选择属性，在属性对话框中，修改其标签名。此处我们命名为“Display”（LabVIEW 中可以使用中文标签名）。LabVIEW 中控件的标签名须是唯一的，类似于 C 语言中变量的名字，这样方便后续的操作。

该显示控件内字符的字体、大小和样式都可以在菜单栏中修改。这里我们设定合适的字体大小，并选择右对齐方式，使其与计算器一致。在菜单栏点击“窗口”，选择显示程序框图窗口（或用快捷键 Ctrl+E 在两个窗口切换），可以看见字符串显示控件 Display 在程序框图窗口对应的图标。因为是显示控件，在图标的左边，有数据输入引脚。此时在空白处右键单击，会出来函数选板，里边内置了常用库函数和工具包。在“系统”→“字符串”选项中，找到字符串常量，并点选到程序框图界面，设置该常量为“0”，将其输出端连接到 Display 的输入端。这样，每当程序运行时，Display 控件都得到一个处时输入“0”。也正如计算器在打开时，会在最右边显示一个“0”。当鼠标移到图标连线点的一端，光标变成线棰样式时，单击，即可开始画线，直到连接到另一端。在 LabVIEW 中，不同的线型代表不同的数据类型，其颜色也与数据类型对应。回到前面板，此时可以进行计算器按键部分的设计。在控件选板中拖入一个空白按钮，并将其设置到合适大小。右键单击该按钮，在机械动作处选择“保持转换直到释放”。机械动作是设置一个按键按下之后响应的方式，与实体按键一样，这里的按键可以有自锁功能，也可以仅是脉冲信号，需要根据实际需求来定。

然后，同样右键单击该按键，选择属性选项。在属性对话框里，首先勾选掉按键标签的可见性，并将其标签设定为按键的名字。勾选显示布尔文字，并将开和关时文本都设置为按键所要代表的符号。对于某些特定功能下的按键，其按下和不按下时，按键上显示的文字可以是不一样的，就在这里进行设置。按键在开和关时的颜色也可以在属性菜单里设置，对应的，显示文字的样式、字号等也可以更改。设置完按钮，回到程序框图界面，可以看到其对应的图标，绿色代表其数据类型是布尔型。

计算器其余的按钮可以通过复制粘贴完成。在菜单栏有相应的选项和子菜单来实现多个控件的排列和尺寸编辑等。

数字按钮和点以及正负号设置完成后，接着创建加减乘除四个操作按钮。其颜色可以和数字按钮区分开来。在完成清除按钮以及等号按钮的设置后，我们为计算器的交互界面设置一个框。在空间面板的修饰选项里可以找到。以此对界面做一个框定，表明框内是一个独立的功能界面。由此，结束了用户界面设置部分的操作。

2. 按钮响应的事件结构设置

程序的逻辑设计是在程序框图界面展开的。切换到前面板对应的程序框图，可以看到所有控件的图标。首先将这些图标整理一下，如图 4-5-1 所示。

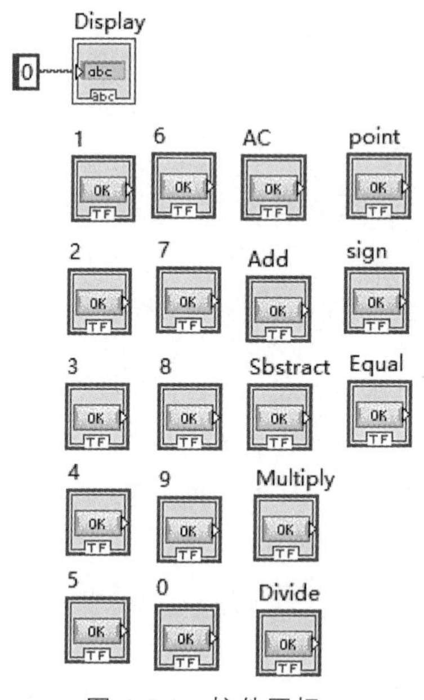

图 4-5-1　控件图标

计算器程序对于按钮操作的响应是一种面向对象的结构,类似于微控制器里的中断响应。在 LabVIEW 里，通过事件结构来实现。为实现全过程对于按钮事件的响应，需要首先设置一个 While 死循环（能一直执行的循环结构）。在函数选板→编程→结构列表中，点选 While 循环，鼠标移到工作区后，光标会变形，此时可以在工作区画一个大小合适的 While 结构框。

将鼠标移到在 While 循环框右下角红色小圆圈（循环结束条件，相当于 C 语言中 while() 函数括号中的条件）的输入引脚处，光标会变成连线时候的线棰形，此时右键单击，在出来的菜单中选择创建常量。

此时会创建一个让 While 循环一直运行的布尔常量（在默认情形下是 False）。此时在 While 循环结构里内置一个事件结构。相应的，在函数选板→编程→结构菜单中，点选事件结构，然后在工作区的 While 框内绘制。

事件结构内可以创建多个独立的事件。将鼠标移到事件结构上部边框中间的事件名称窗口，右键单击，在菜单中选择添加事件分支。而后会弹出“编辑事件”对话框。在对话框中，选择对应的事件源和事件实例。在本设计中，我们选择按钮对应的标签名以激活该按钮作为事件源，在事件部分则选择鼠标按下。然后点击“确定”以创建该事件。在所生成的该事件分支中，设计对应的事件逻辑。设置按钮 1 按下时候的逻辑。正常来讲，按下数字 1，则需要在计算器的显示框中增加 1 这个数字。在函数选板→数据通信中，找到局部变量并在事件分支中放置两个局部变量。鼠标移到左边的局部变量，右键单击，选择“转换为读取”。然后再将鼠标移到局部变量上，等光标变成手指形状时，单击，则进入局部变量的实例化过程。此时会出现所有控件的标签名，选择所需的控件，则局部变量与该控件等效。同样，给另一个局部变量实例化，选择字符串显示控件 Display。这样，就获得了 Display 控件的等效输出和输入。此时，在函数选板→编程→字符串菜单中，找到“连接字符串”函数，将局部变量 Display 读取的输出值连到该函数的第一个引脚，在第二输入引脚处右键单击，创建常量，该常量设置为字符“1”。最后，将“连接字符串”函数的输出值连接给局部变量 Display 输入。这样的操作，等同于 C 语言的如下语句：

Display = Display + “1”;

也就是说，在按下按钮“1”时，程序执行事件分支里的逻辑，给 Display 控件里的内容加上“1”这个字符，并将该结果再赋予 Display 控件。于是在前面板的界面上，见显示框内会增加一个“1”，如图 4-5-2 所示。

重复以上操作，给所有数字按钮和小数点按钮设置对应的触发事件，并在事件分支里采用相同的逻辑。设置完成后可以即时运行程序，看看有无错误。正常情形下，可以完成图 4-5-3 所示的输入。

图 4-5-2

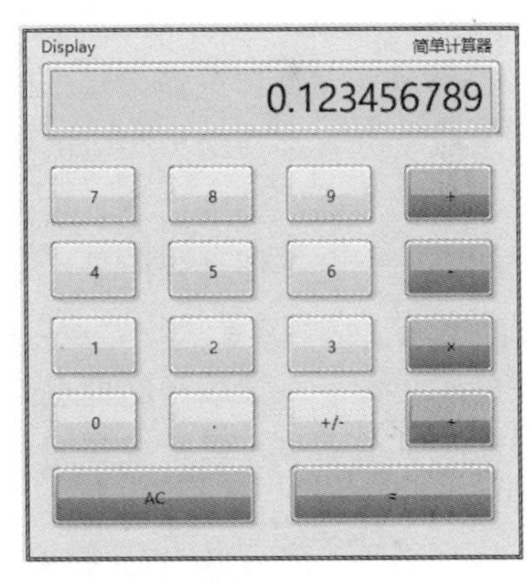

图 4-5-3

AC 是清除按钮，其触发事件分支的设置同上，程序逻辑比较简单，只需给 Display 控件输入一个初始值“0”，以替代正在显示的内容即可。

3. 正负号按钮操作的逻辑

正负号按钮的设置相对复杂一点，需要考虑数字前边本身的符号。如果是正数，则添加负号；否则，需要去掉负号。在其触发事件分支里，需要用到选择结构。

首先，设置一个 Display 控件的读取局部变量，在函数选板→编程→字符串菜单中，找到“截取字符串”函数并拖到工作区。“截取字符串”函数的输入字符串连接到局部变量的输出，其初始位置和长度分别设置为“0”和“1”。

这样，便可获取当前显示的第一个字符，并拿来做判断，看是不是负号。于是需要在函数选板→编程→结构菜单中，选择“选择结构”并在工作区绘制。该选择结构左框中间的问号是选择变量的输入端（分支选择器），将其与“截取字符串”函数的输出相连。“截取字符串”的起始位置和截取长度分别设置为“0”和“1”，这样拿到的输出即是预期的第一个字符。

在 LabVIEW 的编程过程中，任何时候都可以直接运行程序，验证逻辑是否正确。这时还可以点亮菜单栏的电灯图标，逻辑运行则进入慢速模式，可以比较清楚地看到数据流的值和走向。探针也是一个比较有力的工具，可以设置在任何数据线上，然后运行时其数据则会显示在探针窗口。

LabVIEW 的选择结构，若其分支选择器输入数据为布尔量（True/False），则其执行只有两个分支，等价于 C 语言的 if-else 结构。若其分支选择器输入数据为非布尔类型，如字符串或数字等，则可执行多个分支，等价于 C 语言的 switch-case 结构。在这种情况下，需要有一个分支设定为“默认”，即等价于 switch-case 结构中的 default 分支。表示在输入的选择变量与预置的所有情况都不符时，所执行的操作。

当检测到第一个字符为负号时，正负号按下的操作需要我们将现有的数字变成正数，即去掉负号。首先在选择结构的分支选项窗口右键单击创建新的分支，在该分支的选项窗口输入负号；然后分支内再放一个“截取字符串”函数，其输入端连接 Display 局部变量（输出型），起始位置设为“1”，长度端采用默认值而不做输入（此时表示输出为起始位置剩余的字符串）；最后将去掉第一个字符（负号）的字符串再给到 Display 局部变量。

仔细观察会发现，“选择结构”的输出端子是空心的，菜单栏的运行箭头也是断开的。这表明还有选择分支没给出该输出端子的值。在选择结构中，输入端子可以只被用一次，但输出端子要求所有分支都有给出相应的值。否则，当选择到没有给出数据的分支时，这个输出端子获得的值是不确定的（当然，这种情况 LabVIEW 会报错而无法运行）。

此处的另一个分支即是当前显示字符串的首字符不是负号，此时的操作则是给该字符串前边加一个负号。选用“连接字符串”函数，将连接之后的字符串输出连接到刚才空心的“选择结构”的输出端子，该端子随即也变成实心。此时，正负号按钮设置完毕。运行时，在按下符号按钮时，前面板可以实现如图 4-5-4 所示的两种状态。

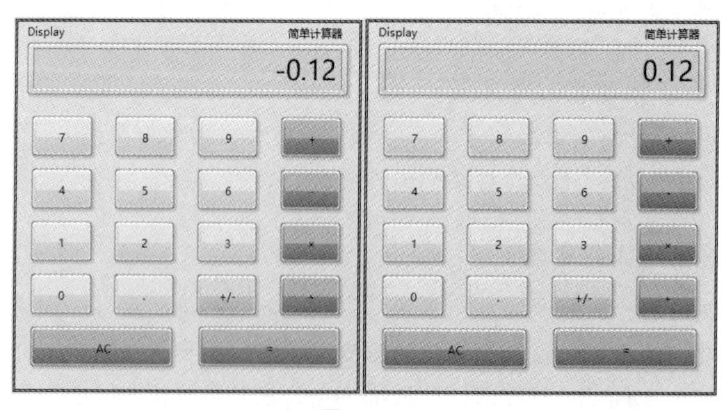

图 4-5-4

4. 运算符按钮操作的输入逻辑

运算符操作有隐式和显式两种操作方式。隐式是在按下运算符后即清空并记忆第一个数字，立即进行第二个数字的输入。本例采用显式操作，即把运算符也显示出来。原本其实现逻辑可以和数字按钮一致，只需在当前显示的字符串后边加上按下的字符即可。但为了方便分离字符串中的数字，在所有运算符的前后都设置一个空格。这样，约定了显示字符串的格式，即“数字 1（空格）运算符（空格）数字 2”，例如，“－0.78÷92.56”，空格可以作为查询的标志字符来分离数字和运算符。

在此，演示加法的实现。在事件结构分支选择窗口右键单击添加加号按钮事件分支。

在加号按钮分支内，如数字按钮事件一样，给 Display 当前的字符串加上“（空格）+（空格）”，并将最后输出给到 Display 显示器。

这里暗含了一个会涉及多运算符运算的小 bug（漏洞），会在之后的逻辑中补上。暂时按该操作，将其余的运算符输入设置完毕，则可以实现如图 4-5-5 所示的输入状态。

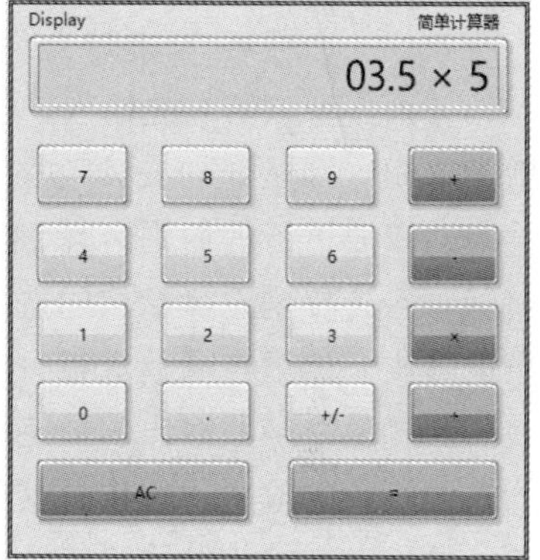

图 4-5-5

5. 子程序设计：数字、运算符的提取与计算

对于会被重复执行或实现某些特定功能的逻辑，在编程时一般会将其封装到一个子程序里边，方便调用。在计算器设计中，对于输入数字和符号的提取与计算就是一个会被多次调用的功能，因此将其封装成一个子程序（VI）。

新建一个 VI，并在前面板设置如图 4-5-6 所示元素：3 个字符串输入控件（Display IN、数字 1、运算符、数字 2）和 1 个字符串显示控件（Display OUT）。

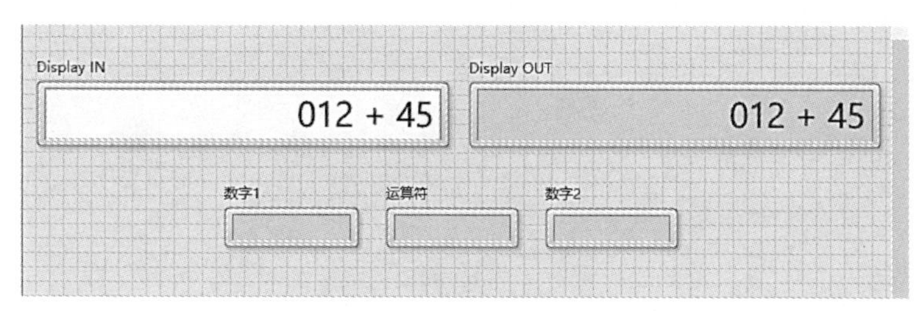

图 4-5-6

然后先做一下子程序的输入输出映射。将鼠标移到右上角有两个正方形图标的地方，左边图标的每一个小格子都可以映射输入输出控件，右边则是该 VI 在被调用时的外观图样，也可以做编辑。先将光标移到左边的格子，待其变成线椎形，左键单击，然后再到工作区单击 Display IN 控件，这样便做好了一个输入映射，图标上映射的端子也会变成控件数据类型的颜色。

重复同样的操作，给右边的格子分别映射 VI 的输出为另外三个显示控件。子程序作为功能的实现单元，一般对前面板没有美学上的要求，于是我们之间切换到程序框图面板，来设计相应的逻辑。该子程序要实现对于主函数中已经输入完毕的二元计算式子进行数字、符号提取与计算。因为主函数传输过来的二元计算式是字符串形式，并且有特定的格式（数字 1、空格、运算符、空格、数字 2），所以在函数选板→编程→字符串菜单里，选择“匹配模式”函数来实现功能。“匹配模式”函数可以在输入的字符串中查找特定的字符或字符串，然后输出查找到的字符（串）以及其之前和之后的字符串。这里先查找一个空格，根据约定的格式，第一个空格符找到时，其之前的字符串即是数字 1，之后的字符串是（运算符、空格、数字 2）。因此，重复这个查找过程，当“匹配模式”函数在剩下的字符串中再次找到空格符时，其输出的该空格符之前的字符串即是运算符，之后的字符串是数字 2。至此，实现了数字和运算符的提取。

为实现计算操作，需要将字符串类型的数字转换成真正的数字格式。在函数选板→编程→字符串→数值/字符串转换菜单里选择“扫描值”函数，将字符串格式的数字“1”和数字“2”分别作为该函数的输入，同时，需在输入格式端子创建一个空字符串常量，“扫描值”函数的输出，即是 double 类型的数字“1”和数字“2”。

对于要进行的四则运算，由于已经获取字符型的运算符号，可采用一个选择结构来实现。将运算符连接到选择结构的选择分支输入端，并在选择框的选择分支窗口设定不同运算符执行的分支。然后在函数选板→编程→数值菜单中，找到相应的运算函数，放到选择分支中，将“扫描值”函数输出的数字 1 和数字 2 连接到运算函数的两个输入端，运算函数的输出作为选择结构的输出。在选择结构中添加分支依次完成加减乘除四种运算操作。

原本选择结构的输出已经是我们要的计算结果了，但要把它显示到主函数的 Display 控件上，还需要转换数据类型，将数值转换成字符串。这里需要到函数选板→编程→字符串→数值/字符串转换菜单里选择“十进制字符串到小数”函数，将选择结构的输出连接到该函数的数字输入端，函数的输出连接到字符串显示控件 Display OUT。

这样，子程序的逻辑就基本完成了，回到前面板，如图 4-5-7 所示，点击“运行”按钮，验证程序是否正确。也可以直接在 Display IN 中输入约定格式的式子进行多种情形下的检查。

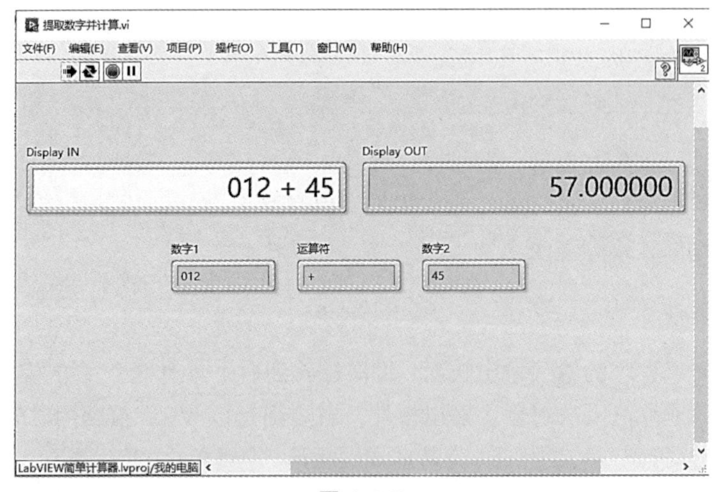

图 4-5-7

接下来给子程序设计一个专有图标。右键单击工作区右上角的图标，选择“编辑图标”选项。在弹出的“图标编辑器”窗口，以像素化的方式设计专有图标，图 4-5-8 所示为一个简单的例子。图标设计尽量能突出程序功能和特点，便于识别。当然，过程中别忘了保存子程序（此处命名为“提取数字并计算.vi”）。

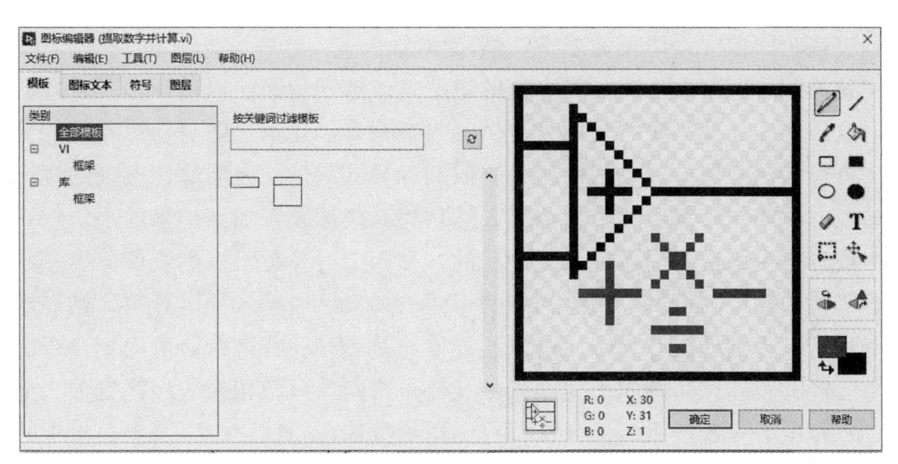

图 4-5-8　实例

6. 等号按钮的逻辑与子程序插入

此时，可以着手完成计算器最后的按钮——等号按键的实现。首先，与之前一样，在主程序的事件结构中创建等号按钮按下的事件分支。同样，引入计算器显示器控件 Display 的读取和写入局部变量，并在函数选板中找到“选择 VI…”并单击。在弹出来的选择 VI 窗口，找到刚才创建的子程序（提取数字并计算.vi），即可将我们设计好图标的子程序放到等号按钮的触发事件分支中，简单的连接即可将子程序串入主程序的逻辑，接下来就可以到前面板进行测试。

至此，计算器的基本逻辑和框架就搭好了。需要说明的是，在众多 LabVIEW 的权威介绍中，并不推荐大量地使用局部变量，这是因为局部变量的位置具有不确定性，会给调试，特别是逻辑问题的调试带来很大的困惑。在本示例中，由于软件较小，逻辑相对简单，所以使用局部变量以简化逻辑的呈现方式。

7. 逻辑错误的解决示例

在前边逻辑设计中，确定计算器显示方式的显式与隐式时，提到了可能存在一个 bug，具体的表现形式如图 4-5-9 所示，就是说，当输入的算式超过二元时，目前设计的逻辑无法正确处理，单击等号，出来的结果与算式不符，但是是符合我们所设计的逻辑的，原因就是它只做了前两个数的二元运算。

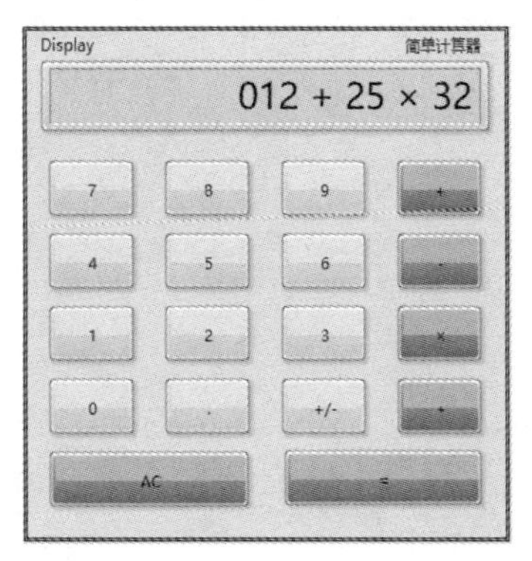

图 4-5-9

怎么解决这个问题呢，请先做思考，然后继续。

其实问题的解决有两个思路。较完美的做法是改造子程序，以适应多元算式的数字提取与计算，但这样存在计算顺序的问题，逻辑会复杂很多。比如上图 4-5-9 输入的算式，就需要先算乘法再算加法。简单一点的做法是，限制计算器只做二元运算，实现的逻辑是在第三个运算符输入的时候先计算前两个的结果，然后将新的运算符加到结果后边。

具体实现时，为了达到逻辑可重复的目的，在四个运算符输入的事件分支分别增加一个当前显示器字符串检查的逻辑。根据约定的格式，如果已经输入了运算符，则显示器字符串中一定有空格符，否则就没有。因此可以通过检测是否存在空格符，来确定是否已经输入运算符。如果已经有运算符，调用子程序先做计算，否则，只将相应的运算符加入显示器。

因此，在每个运算符按钮事件分支，首先用函数选板→编程→字符串菜单中的“匹配模式”函数检查当前显示器字符串是否有空格。

然后添加一个选择结构，选择分支的输入端连接“匹配模式”函数的匹配字符输出端。其意义是，如果“匹配模式”函数找到了字符串中的空格符，该输出端也会给出空格符，反之则不会输出该字符。因此在选择结构的选择分支窗添加一个空格符分支，在该分支中调用子程序（提取数字并计算.vi）。子程序的输出再连到添加新运算符的“连接字符串”函数输入端。选择结构的默认分支，处理的是没有找到当前显示字符串中有空格符的情况，这表明还未输入运算符，此时在选择结构不做操作，直接给该字符串加上新的运算符即可。至此，可能输入多元算式的问题就被避免了。该逻辑同时避免了可能连续输入两个运算符号的 bug。再次测试刚才的输入，12+25*32 = ，则变成了图 4-5-10 所示比较正常的形式。

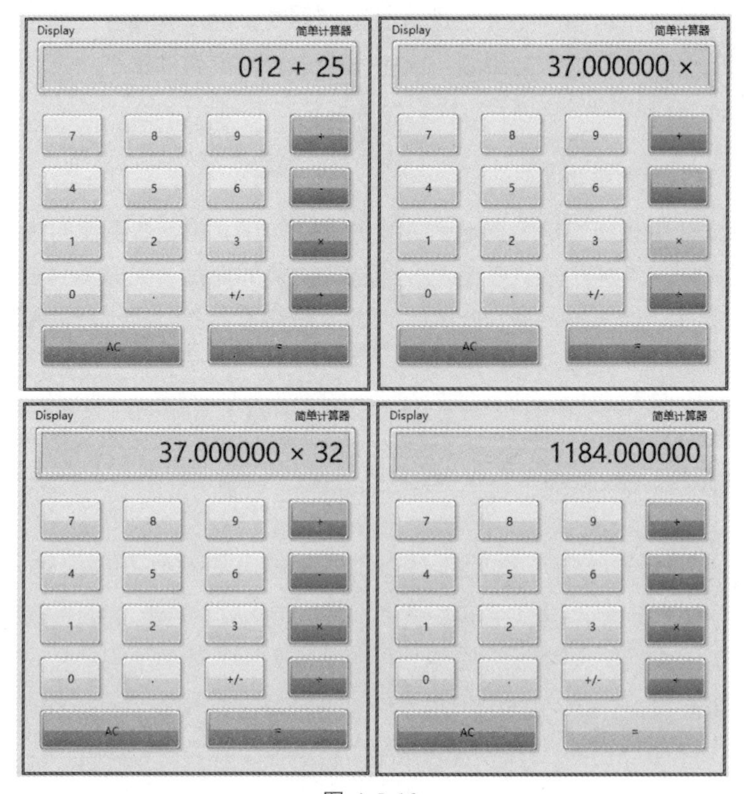

图 4-5-10

8. 思考：其他逻辑错误的解决

上一小节给出了一种逻辑错误的处理方法。但如果仔细审视当前的计算器，会发现至少还存在以下几个 bug。

（1）两个数字前端无效 0 的问题，如图 4-5-11 所示。

（2）计算结果后端无效 0 的问题，如图 4-5-12 所示。

（3）未限制数字单小数点输入的问题（此时还应考虑在第二个数字输入时，如果以小数点开始如何补足 0 的问题），如图 4-5-13 所示。

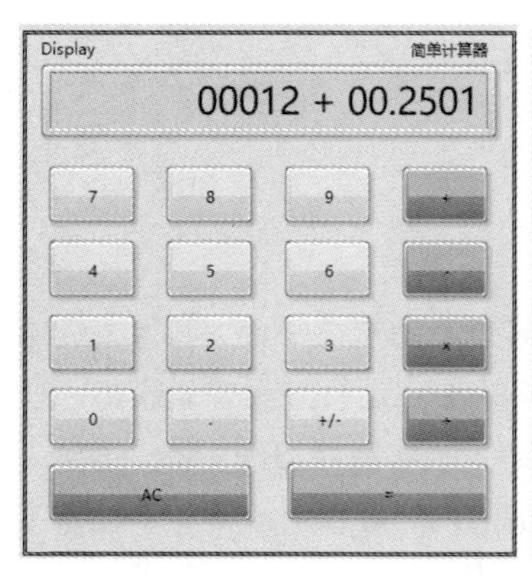

图 4-5-11

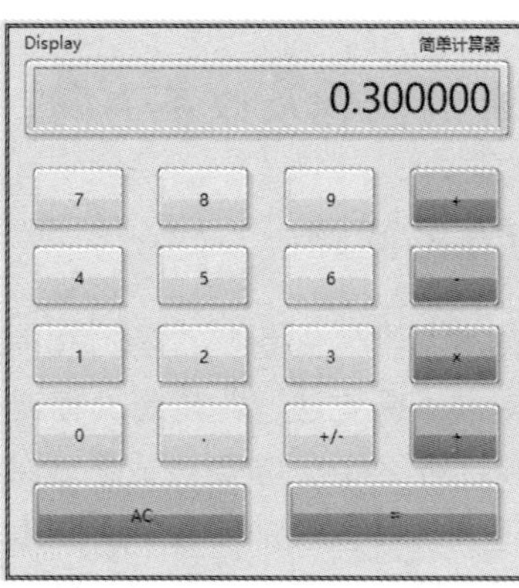

图 4-5-12

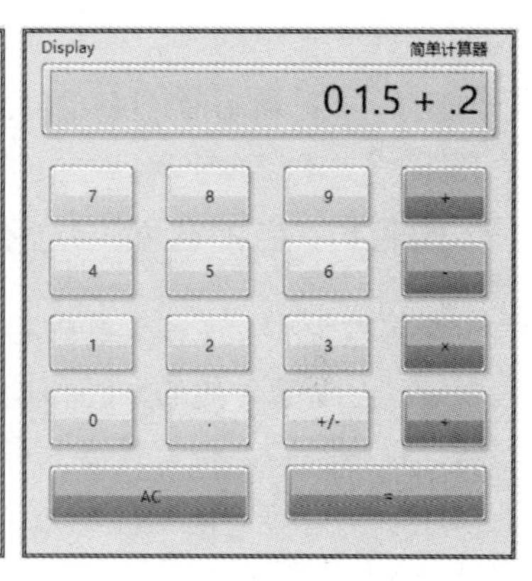

图 4-5-13

总之，以上存在问题的解决，都是为了让设计的计算器程序能够更加正常合理的显示和计算，更加贴近人们的使用习惯。这样才不失为一款好的软件。

请思考上述问题的解决方案并进行实践，使得最后软件运行时，实现如图 4-5-14 所示的较为正常的输出。

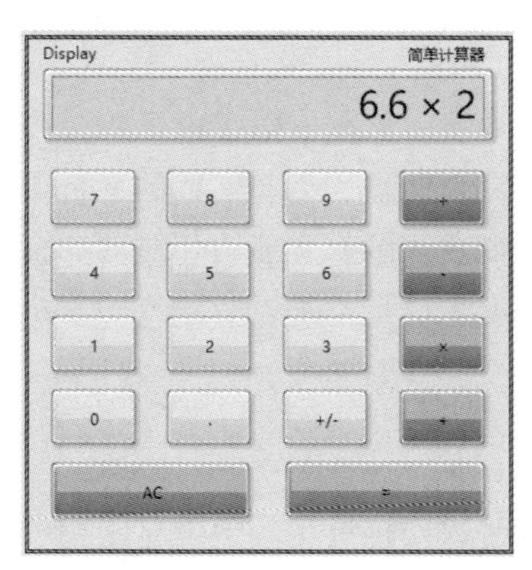

图 4-5-14

第5章 构建赛课融合创新创业实践平台

5.1 工程训练中心存在的问题及改革方向

5.1.1 当前工训中心存在的问题

高等教育中，工程训练中心是培养学生创新实践能力和创客创业的重要平台，其重要性不言而喻，但随着时代的发展和技术的不断更迭，各高校工程训练中心在运行过程中暴露出一些问题，这些问题在一定程度上影响了学生的创新创业成果效果和工程实践能力的培养。首先，工程训练中心的设备更新速度远不及科技发展的步伐，这导致学生无法接触到最新的工程技术和设备，从而影响了学生产业前沿发展的认知和未来就业的竞争力。其次，工程训练中心的教学模式过于传统，缺乏创新，许多高校工程训练中心的主要功能依然停留在仅仅完成传统的金工实训的教学任务上，许多教师仍采用传统的“教师讲解、学生模仿”的师徒式教学模式，这在一定程度上限制了学生的创新思维和解决问题的能力。此外，工程训练中心与企业界的联系不够紧密，导致学生无法接触到真实的工程环境和项目，这使得学生的实践学习与市场需求脱节、与时代脱节，不利于其未来的职业发展。具体存在的问题主要有如下几个方面。

1. 训练项目创新不足，深度不够

当前基础工程训练已有车工、钳工、铸造、焊接、磨削、电工电子等诸多相互独立的基础训练项目，加工工艺齐全，种类繁多，但缺少综合制造、创新实践的平台，网络制造、智能制造、现代制造训练项目严重缺乏，并且创新创业实践教育能力相对薄弱，自主研发实验项目层次低数量少，导致创新创业实践项目教学成果严重不足，与建成国家示范中心建设目标要求还有一定差距，中心整体实力亟待提升。

2. 实践课程开出率低、培训覆盖面低

当前国内部分高校对于实践课程的学分、学时数安排过少，学生对于实践课程认识不到位，存在课程开发率低、培训覆盖面低等现象，不能满足新工科发展要求，与社会对人才需求不相适应，这主要由于相关单位和学生群体对工程训练认识不足，强理论弱实践会导致学生的培养存在严重短板，存在毕业学生无法适应市场的情况。

3. 环境建设亟待改进

各高校工程训练中心的实践环境大多仿照传统的工厂建设，时代在发展，生产环境经过多年的升级换代已发展成为先进的现代企业，因此工程训练中心应当与时俱进，工程教育环境、人文环境、企业文化、信息环境、安全环境建设等亟待完善和改进。

4. 师资队伍匮乏

凸显办学实力，说到底，师资建设是关键。双师型教师数量不足，质量不高，专业种类单一导致中心发展滞后，师资队伍建设是阻碍中心发展的根本性问题。

5.1.2　强化改革应对挑战

综上所述，高校工程训练中心需要转变思想应对当前的挑战。例如，及时更新设备和教学内容，引入新的教学模式和技术，加强与企业界的合作，提高教师队伍素质等。只有通过这些措施的实施，才能提高工程训练中心的教学质量，培养出更多具备实践能力和创新精神的高素质人才。为了解决这些问题，高校工程训练中心应当积极求变，顺应时代发展。第一，联合企业打造学习工厂，工程训练中心的训练内容应该及时更新设备和教学内容，确保学生能够接触到最新的工程技术和设备。同时，教学内容应该与企业的实际需求紧密相连，以提高学生的实践能力和就业竞争力。第二，引入新的教学模式，传统的教学模式已经不能满足现代教育的需求。工程训练中心应该引入新的教学模式，如项目式学习、赛课融合等，以激发学生的学习兴趣和主动性，培养其创新思维和解决问题的能力。第三，开展校企合作，工程训练中心应该加强与企业界的合作，为学生提供更多的实践机会和真实的工程环境。通过与企业合作，学生可以接触到真实的项目和工程经验，了解企业的实际需求，提高其职业素养和就业竞争力。第四，加强师资队伍建设，打造双师型教师团队，教师队伍的素质直接关系到教学质量和学生能力的培养。工程训练中心应当实行多种人才引进途径，引进不同专业类型教师，促进多学科交叉融合，在岗位设置上分别设立管理、教师、实验系列，着力打造 5 支队伍（理论课程教学队伍、工程训练指导队伍、创新竞赛指导队伍、教学产品研发队伍、中心教学管理队伍）。组织教师参加人社厅、教育厅、学校组织的教师职业道德、教学基本技能、工程技能培训，学历与能力提升并重，保证师资队伍水平的提高，提升教学水平，同时积极组织教师参加国内国际高校高层教育论坛及学校间交流，学习国内外创新教育的理念和方法，明目扩胸，为“3+1+1”工程训练教学体系完善、中心创新创业实践教育教学发展奠定了基础。第五，优化教学环境，工程训练中心作为全校创新实践基地，应当不断提升硬件环境，同时制定了中心安全制度，落实训练车间岗位安全责任制，明确训练车间安全责任人，建设工程文化环境，优化教学环境。在保证安全的前提下，提高设备使用率，畅通实验室预约渠道，打造开放、安全、便捷的创新实践平台。第六，深化教学改革，推进创新创业教育，适应新时代本科人才培养模式改革，全力将传统教育模式向通识教育模式、卓越人才培养计划、工程教育专业认证、创新创业教育等转变。高校工程训练中心应当组织教师主动探索工程训练教学新模式，积极申报各级各类教学改革，编写训练教材。同时积极探索、开展大学生创新创业实践教育，创建了创新实验室、创新工作坊、创客空间等创新硬环境，打造创客 QQ 群、微信群，组织创新沙龙、创客分享会，新技术讲座等形成实体与虚拟、线上与线下的多维度创新格局，建设大学生创新创业实践训练基地。第七，建立多元化评价体系，传统的评价体系过于注重学生的考试成绩，而忽略了学生的实践能力和创新思维的培养。因此，工程训练中心应该建立多元化的评价体系，将学生的实践成绩和创新成果纳入评价体系中，以更好地激发学生的创新和实践动力。高校工程训练中心需要不断地更新设备和教学内容、引入新的教学模式和技术、加强与企业界的合作、提高教师队伍素质以及建立多元化的评价体系等措施来应对当前的挑战。只有这样，才能培养出更多具备实践能力和创新精神的高素质人才，为国家的经济和社会发展做出更大的贡献。

除以上思路外，工程训练中心的发展战略布局应当站在更高的纬度，发展建设规划要具有大格局、创新性以及前瞻性。在工程实践中，伦理道德问题不容忽视，工程训练中心应该加强工程伦理教育，引导学生树立正确的工程伦理观念，培养学生的社会责任感和职业道德。工程实践往往涉及多个学科的知识，工程训练中心应该积极开展跨学科合作，促进不同学科之间的交流和融合，为学生提供更加全面和深入的工程实践机会。工程实践中，安全问题是重中之重，实践教学过程中，应该加强安全意识教育，确保学生在实践过程中严格遵守安全规定，提高其自我保护意识和能力。为了持续改进教学质量和实践效果，工程训练中心应该建立反馈机制，鼓励学生、教师和企业界人士对实践教学的各个环节提出意见和建议，以便及时发现和解决问题，不断完善和提升实践教学的质量。除了传统的面对面教学，工程训练中心可以尝试引入在线教学、虚拟现实、增强现实等技术，为学生提供更加生动、形象和交互性更强的学习体验。这些技术不仅可以提高学生的学习兴趣，还能在一定程度上解决设备数量不足、场地限制等问题。工程训练中心应该根据学生的需求和企业的期望，不断完善实践教学体系。可以从实践课程的设计、实践内容的更新、实践环节的安排等方面入手，构建一个层次分明、内容丰富、环节完整的实践教学体系。总之，高校工程训练中心需要不断地创新和改进，以适应时代的发展和学生的需求。通过不断地完善实践教学体系、提高教师团队素质、加强与企业界的合作、拓展实践教学资源等措施，工程训练中心将能够更好地培养学生的实践能力和创新精神，为国家的经济和社会发展做出更大的贡献。只有努力改革，高校工程训练中心才能够更好地应对当前的挑战，提高教学质量和实践效果，培养出更多具备实践能力和创新精神的高素质人才。

5.2 工程训练中心功能定位与建设目标

工程训练中心是高校重要的创新实践平台，依据国家级《工程训练教学示范中心建设规范和验收标准》的要求，训练中心应紧紧围绕筑牢基础训练平台，探索创新创业实践教育，强化教育、科学研究，拓展社会服务渠道为主要工作目标，深化改革，抢抓机遇，健全组织建设、加强教学条件建设、优化育人环境建设、加快师资队伍建设。

5.2.1 工程训练中心的功能定位

1. 建设省级、国家级平台

按照建设有特色高水平大学总体目标要求，重点做好基础工程训练、现代制造技术训练、

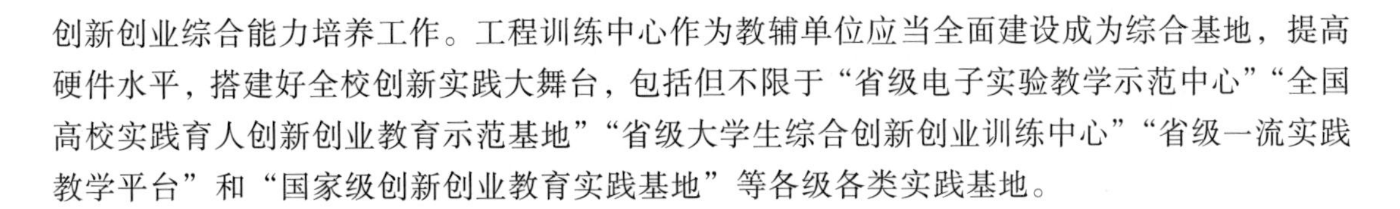

创新创业综合能力培养工作。工程训练中心作为教辅单位应当全面建设成为综合基地，提高硬件水平，搭建好全校创新实践大舞台，包括但不限于“省级电子实验教学示范中心”“全国高校实践育人创新创业教育示范基地”“省级大学生综合创新创业训练中心”“省级一流实践教学平台”和“国家级创新创业教育实践基地”等各级各类实践基地。

2. 构建工程训练全新教学平台

工程训练中心应当构建成为分层次，多维度的“3+1+1”工程训练教学平台（3—基础实践能力训练平台、创新创业实践能力训练平台、综合实践能力训练平台，1—科研服务与孵化平台，1—社会服务基地）。积极响应国务院对创新创业教育的指导意见，积极创建一批如机器人、3D 激光内雕、航模与无人机、陶艺、木艺等创新实验室和工作坊，不断探索创新创业实践教育新的教学模式。面向中国制造 2025，推进工训中心信息化建设，积极打造“数智工训”，完善总体框架建设，打造安全实习管理系统、可视化管理系统、工训教务系统、生产物联系统、智能制造教学体验系统、开放实验管理系统、工训耗材管理系统等管理平台。

5.2.2　“工训中心”建设思路与目标

深入贯彻创新、协调、绿色、开放、共享的发展理念，主动响应“大数据”“互联网+”、中国制造 2025 与“双创”战略，结合学校发展目标促进中心工作上水平。

1. 建设思想

工程训练中心是一个以综合性、实践性、开放性为特点，多学科跨界集成（机械、电子、信息、计算机、管理等）多技术相互融合为特征，现代制造工程为主线，突出基础、综合、研究、创新性的综合工程实践教学训练平台，建立一套完整的、相对独立的工程实践教育体系，营造真实的工程环境，培养学生工程实践能力、创新思维和工程意识；向社会开展各类培训和服务是中心的主要任务和建设思想。

2. 建设目标

立足“四个中心”定位，创建“理念先进，队伍优化，设施精良，特色鲜明，具有示范和引领作用的国内一流工程训练中心”。充分利用已有的基础和条件，保持特色，合理整合校内相关教学资源，利用信息化管理，发挥资源的规模效益，体现先进性、综合性、创新性；强化素质教育，创建与国内外知名高水平大学相适应的一流工程实践创新基地。目标要求：国内知名、区域一流，有特色、有示范作用的一流的本科生工程实践训练基地，努力创建国家级综合工程训练示范中心。

（1）体现先进性。

面对新时期，贵州大学正在建设有特色高水平大学，工程训练中心建设必须围绕学校建设目标，加快改善训练环境，拓宽训练内容，提高训练层次，使工程训练中心建设体现先进性，创建与国内外知名高水平大学相适应的一流工程实践创新基地。

（2）体现综合性。

适应培养大学生工程实践能力的需要，工程实践能力的培养需要相应的工程实践环境和条件。建立一个机械、电子、信息和网络系统以及环境保护等高度综合的，面向以工科本科学生为主，文、理、经、管、农学生参与的工程实践训练基地，给学生提供实实在在的大工程背景。通过有意识地安排各种工程实践教学环节对大学生实施工程训练，进行现代制造技术训练和创造性工程设计与实践训练，培养大学生的工程实践能力，包括动手能力、从实践中获取新知识的能力、观察事物和分析问题的能力、收集处理信息的能力、团结协作和社会活动的能力等。

（3）体现创新性。

适应培养大学生创新意识和创新能力的需要；工程训练中心应给大学生创造机会与条件，通过项目创意、设计、实施，培养创新意识、创新能力和科学精神。

（4）体现素质教育。

适应培养大学生全面素质的需要；工程训练中心对学生全面素质的培养是一极好的场所。大学生可通过亲身参加工程实践，体验、感受和理解劳动、纪律、质量、安全、经济、市场、管理、环保、群体等内涵，逐步提高自身素质。

（5）体现合理性。

合理整合校内有关教学资源，利用信息化管理，发挥资源的规模效益；工程训练中心涵盖的课程内容广，涉及的范围大，接纳的学生人数多。将校内有关的教学资源相对集中，进行合理整合，有利于发挥其综合优势和规模效益。利用现代化的信息管理手段，最大限度地发挥训练中心和学校已有教学资源的效益，适应学校强工科行动和双一流建设。

5.2.3　主要任务与举措

1. 构建 3+1+1 工程训练教学体系（3 平台、1 中心、1 基地）

1）学习（劳动）工厂（平台）

“学习工厂”着力构建真实场景，真实学做实践教学的新空间，建立一种最接近企业实践的职业培训模式，模拟真实企业的生产工作环境。不断深化产教融合协同育人新流程，将“生产—研发—管理”全流程的教育要素供给融入创新型、应用型、技能型人才培养过程，通过校企合作，以项目制为核心，将创新成果转化为学科专业知识体系，将新技术转化为新课程，共同推进导师制和现代学徒制探索，创新全过程评价体系，共同建立学生能力合成、验证、评价机制，服务教育高质量发展。劳动教育作为全面培养体系的重要组成部分，有自己特殊的目标和内容，按照中央要求，努力做到劳动和学习相互促进。事实证明，关起门来读书，不参加劳动，不接触社会实践，就很难培养学生的劳动意识，增强学生对劳动人民的感情。结合工程训练教学特点、活动特征，在“学习工厂”有机融入劳动教育内容，确保劳动教育全方位融入，在这里培养学生的实践能力、劳动能力。学生在“学习工厂”里培训，按要求生产真正的产品，并有真实的客户，这种教学培训的特点是以产品为导向，以学生为中心，学生将自己视作生产者，这样，学生不仅能更好地将理论知识转化为专业能力，而且还能更好地培养核心能力即个人能力、社会能力和劳动能力。

2）数智工训平台

高校工程训练中心是培养学生实践能力和工程背景教育的重要载体，是培养基础宽、能力强、素质高和具有创造性的复合型和应用型人才的重要教学基地，在高校教学中发挥着举足轻重的作用。随着我国产业变革的不断推进及工业水平的不断发展，对高校工程训练中心提出了更高的要求，结合“中国制造 2025”和教育部提出的“智慧学习工场 2020 建设标准指引”的要求，通过建设“数智工训”平台推进工训教学改革也就显得迫在眉睫。“数智工训”平台是工程实训教学信息化发展的新阶段，利用信息系统、物联网、视频及设备监控等技术来管理、加强和实现工训教学；通过构建数字化、智能化底层平台，为学生进行常规学习、自主学习、多元化学习提供条件，以适应现阶段社会生产需求的教育形态。同时“数智工训”平台的建设完善程度也是凸显一所高校工训实力的象征。

3）智能制造创新实训平台

2015 年 5 月 19 日，国务院印发“中国制造 2025”，明确了智能制造是建设制造强国的主攻方向。智能制造（Intelligent Manufacturing，IM）是一种由智能机器和人类专家共同组成的人机一体化智能系统，它在制造过程中能进行智能活动，诸如分析、推理、判断、构思和决策等。通过人与智能机器的合作共事，去扩大、延伸和部分地取代人类专家在制造过程中的脑力劳动。它把制造自动化的概念更新，扩展到柔性化、智能化和高度集成化。智能机器人以及无人驾驶技术产业既是实现人工智能与实体经济深度融合的关键发力点，也是经济从高速阶段转向高质量阶段的全新增长点。因此有条件的各高校均在顺应时代发展的需求，大力发展机器人技术及无人驾驶技术的创新教学。

高校的工程训练中心，有责任、有必要将智能制造技术纳入工程训练内容，为新时代的人才培养贡献“工程”力量。

4）交叉创新中心

企业解决实际问题需要复合型人才，学科交叉成为一个必然趋势。工程训练中心是一个拥有工程优势的新工科对外合作窗口，可以通过与学院合作的方式广泛积累资源，将工程训练中心打造成一个集聚各专业力量、推动综合交叉发展的平台，因此，高校应当在原有基础上成立工程训练和交叉创新中心，增强工程训练中心与企业之间的联系，有针对性地制定未来五年的强工科行动计划，助力高校高质量发展。

5）创建社会服务基地

中心有责任，有潜力做好服务学校、社会工作，着力搭建社会服务基地，如青少年科技教育、科普知识宣传、在线教育、工程安全教育培训、现代制造技术等教学培训基地。综合性是工程训练中心最大的特点，面向本科各专业开设课程，融合了相当多的综合性教学资源，可承担社会多方面培训与服务指导。中心与当前工业主流技术相衔接的特色教学模式为建设基地提供了有利的条件，服务内容能够紧跟时代需求，能创造、创新、协调、共享、开放的服务模式。通过积极承担地方科研项目研究，为地方技术提供支持的同时，大力开展专业技

术培训，加强人才工程素养，逐步增强社会服务能力。

2. 加强三个建设

1）师资队伍建设

（1）发展目标。

按照“知识多，能力强，素质高，一专多能”的目标，采取“引进，培养，培训，提高，优化，聘用”等系列措施，致力于建立一支以“三士”（博士、硕士、学士）为核心、以“四师”（教师、工程师、实验师、技师）为骨干的高素质师资队伍，以适应新形势下现代工程训练对高水平师资队伍的要求。

（2）主要举措。

以创建国家级综合工程训练示范中心为建设目标，重点建设“五支队伍”：理论课程教学队伍、工程训练指导队伍、创新竞赛指导队伍、教学产品研发队伍和中心教学管理队伍。具体措施是：一要加强领导班子建设，至少要有 2 名全时投入实践教学的教授，作为训练中心建设的学术带头人。二要优化师资队伍结构，使中心人员达到正高 4 人、副高 10 人、中级 30 人（含技师）、初级 6 人；博士 5 人、硕士 30 人。三要提升师资队伍素质，建立完善的激励机制和考核机制，鼓励中心教师和管理人员在职攻读学历、学位；选派优秀教师和管理人员到国内培训或出国进修；定期举办指导教师讲课大赛和技能比武大赛，不断提高指导教师的教书育人能力和工程训练水平。四要实现师资资源共享，建立教授工作室和研究生工作室，将教授、博士、硕士等引入中心参加科学研究开发和工程训练指导；密切与相关学院教师的合作，充分发挥其在工程训练、创新教育和教研科研中的有效指导作用。

2）教学条件建设

（1）发展目标。

按照“全面达标，重点拔高，强化特色，注重创新”的思路，依据国家级《工程训练教学示范中心建设规范和验收标准》要求的设备种类、数量和规格，完善和优化实践教学项目体系和课程体系，使设置训练项目和课程逐步涵盖全校理、工、文、经、管、农等多数学科，力争使设备总值达到 8 000 万元。

（2）主要举措。

用先进技术提升铸造、锻压、焊接等常规训练模块：配置中频熔炼炉、震动造型机、消失模铸造系统、压铸机、中频加热炉等；引进先进的材料成形技术，保证足够的材料成形内涵，建设真空烧结、超声加工、功能材料等训练模块，完善快速成型、注塑成型、板料成型、陶艺训练、激光雕刻、三坐标测量等训练模块。建立体现现代技术的制造工艺系统，加强数字化制造训练，建设虚拟仿真、网络制造、绿色制造、智能制造、工业机器人等训练及创新实验室、工作坊，增设先进管理模块训练项目。扩大人文社科类训练项目群，建设会计管理、网络管理、数字艺术、安全技术、汽车应用等训练项目。新建信息技术训练模块，建设物联网、现代物流、智能楼宇、智能家居、过程控制等训练项目。设置促进综合实践与创新能力提高的跨学科训练模块，开发综合性创新实践教学系列产品，探索创业实践新路。并从以上训练模块和项目中，重点提升 5 ~ 10 个常规项目，突出 3 ~ 5 个优势项目，凝练 4 ~ 6 个特色项目。

3）育人环境建设

（1）发展目标。

按照“综合设计，分步实施，突出特色，注重创新”的思路，优化建设和完善周边环境、内部环境、人文环境、信息环境和安全环境，建成“景观环境优美、学术环境浓厚、学习环境民主、人文环境和谐”的适宜学生成长发展的一流育人环境“生态系统”。

（2）主要举措。

主要举措：重点建设和完善五大环境：周边环境重点建设或完善大楼周围的美化绿化、文化景观、楼道花园等；工程环境重点建设样品展品，教学挂图，规章制度，操作规程，技术、质量、环境等；人文环境重点建设和完善工业发展宣传廊、学生科技创新廊、学生工训风采廊、安全教育认知廊等；信息环境重点建设或完善可视化教学系统、网络化制造系统、网络化训练系统、工训管理信息系统等；安全环境重点建设或完善安全监控系统、消防控制系统、楼层平面导向图、安全逃生、消防器材使用知识等，落实7S管理制度。

3. 发挥五项功能

1）筑牢基础训练

（1）发展目标。

按照“强化管理，深化改革，扩大覆盖，提升水平”的思路，保质保量完成教务处每年下达的各项创新实践教学任务，积极拓展生产实习、毕业实习、课程设计、毕业设计、课题研究、暑期学校、通识教育、创新教育、卓越工程师培养、青年教师工程实践能力拓展等新领域。使创新实践参与人数明显增多，层次不断提升。

（2）主要举措。

建设高校大学生创新实践平台，应当突出开放式、国际化、精品型、多样性特色，重点建设5～8个富有特色的精品项目，开展好工程通识教育，以“工程训练”“创新理论与技能”和“机器人及应用”3门通识教育核心课程建设为基础，构建科学与人文融合、理论与实践结合、知识与智能整合的富有特色的通识教育体系。积极推进教学内容和方法改革，开发系列教学产品，探讨以产品带动训练的途径和方法，着力提升学生的工程实践能力培养成效。全力推进“工程技能训练”“电工电子创新教育”和“人工智能与机器人”等校级创新实践平台建设，着力提升大学生创新参与比例和总体水平。积极举办、承办和组织参加各种不同层次和类型的大学生科技创新竞赛活动，并力争取得优异成绩。

2）强化教研科研

（1）发展目标。

按照“深化教改，强化科研，提升水平，促进教学”的思路，通过设立研究基金、组建研发团队、联合申请课题、强化校企合作等系列措施，鼓励职工积极开展研究工作，按照国家级《工程训练教学示范中心建设规范和验收标准》要求的各项指标加大建设力度。

（2）思路方法。

中心将围绕“一个中心、六个转变”进行教学改革，进一步提升工训在人才培养过程中的贡献度。

① 一个中心：

以本科实践教学为中心，努力开创本科实践教学新局面。

② 六个转变：

教学内涵从“技能传授”向“知识、能力、素质”一体化培养转变；

教学环境从单纯的“车间”向信息化空间（教学管理平台、虚拟教学平台）+综合物理空间（车间、创新实验室、多媒体智慧教室、创客空间等）转变；

课程体系从单一、零散、固化向层次化、阶段化、递进化、模块化转变；

评价体系从结果考核向“全过程、多维度”转变；

教学模式从“教师为中心”的“被动式教”向“以学生为中心”的“主动式学”转变；

教学方法从“单向传输式”向融入“产品全生命周期”理念的“交互式”转变。

（3）主要举措。

设立教研科研基金，对教师项目科研、教材出版、论文发表、专利申请等进行资助；培养和引进高层次学术带头人，形成中心主力教研和科研团队；鼓励工程训练中心教师与学院教授联合申请课题、研究开发和研究生指导；鼓励本、硕、博相结合的学生研发小组自带课题到中心进行研究探索和创意实现；积极与企业合作承担各级各类科研项目，充分发挥工程训练中心的资源优势，为工程训练中心职工和学院师生科学研究、新产品开发、成果转化、教学研究与改革提供平台支持和优质服务。

3）拓展社会服务

（1）发展目标。

积极为学校、企业、社会和有关机构提供实习教学、职业培训、技能培训、安全培训、学历教育、生产加工、技术开发等社会服务。使社会服务水平和经济社会效益逐年提高，工程训练中心可持续发展能力不断增强。

（2）主要举措。

一是组建研发团队，大力开发和转化中心和学校的新产品研究成果；二是搭建生产平台，调整和补购有关配套设备，优选设备进行新产品的稳定加工生产；三是研发系列产品，研发2～3种生产产品，开发5～10种教学产品，加工10～15种工艺品和纪念品等；四是组建生产队伍，优化调整和合理组合生产人员，形成技、产、供、销等配套的生产团队。

培训服务以提升教学质量、扩大培训规模为重点，开展多种形式的社会培训服务。职业技能培训以职业认证为主，重点是扩大规模和增加数量，提高教育质量。

4）加强交流合作

（1）发展目标。

按照“扩大交流，密切合作，互利共赢，促进发展”的思路，积极开展校内、校际、校企、校地、等多种形式的交流合作，注重建立“政、产、学、研、用”战略合作联盟和“核心伙伴”关系，实施“协同创新”计划，争取更多优质教育资源，推动中心又好又快发展。使中心的社会影响不断扩大，示范辐射能力持续增强。

（2）主要举措。

积极组织参加和承办各种会议与大赛，广泛进行学术交流；更多接收校外实习学生，承

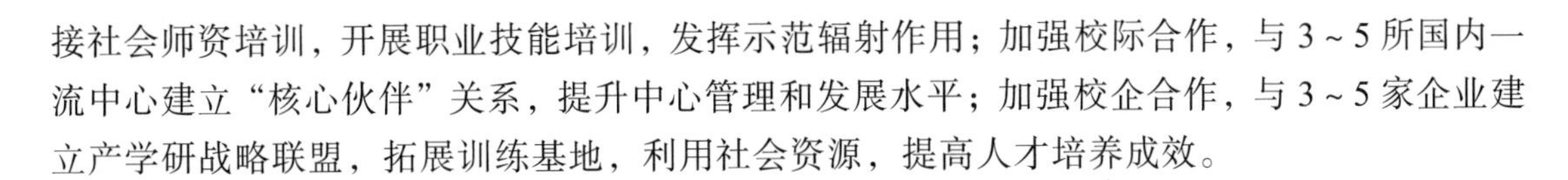

接社会师资培训，开展职业技能培训，发挥示范辐射作用；加强校际合作，与 3 ~ 5 所国内一流中心建立“核心伙伴”关系，提升中心管理和发展水平；加强校企合作，与 3 ~ 5 家企业建立产学研战略联盟，拓展训练基地，利用社会资源，提高人才培养成效。

5）探索创新创业

（1）发展目标。

按照“强化创新，推动创业，突出特色，共谋发展”的思路，引导和培养学生自主创新能力，积极探索创客文化的传播与创新创业教育的融合，培养创新创造精神；强调创造、实践、跨界、协助、分享交流的创客精神。

（2）主要举措。

积极加强与各学院合作，合理配置资源，抓住“中国制造 2025”，谋划专业综合训练平台建设，与机械、电工等学院共建制造物联网实验室、智能制造创新实验室，为“中国制造2025”人才培养积极探索，丰富课堂教学，将创新创业教育融入培养体系，高校工程训练中心更进一步实现跨院系“融合”，与传统专业“融合”，统筹第一和第二课堂的教学模式。中心是校内、校际、校企、校地交流合作的重要纽带，与学院训练手段、训练项目、训练层次及功能的不同使中心成为培养综合性人才的重要服务基地。工程训练中心作为“高校创客基地联盟成员”，仍需完善贵州大学创客空间、创新沙龙、大学生创新创业实践中心建设工作。

以“乐创造！乐分享！”为主旨，加强领导，整合多方有效资源，逐渐完善保障体系，大力支持创新创业教育工作。在创新创业教育中，紧紧依靠中心教学特色，通过创新创业教育，加强校企合作，提升工程训练中心教学地位和影响力。

4. 深化教育改革

各高校工程训练中心将全面贯彻党的教育方针，以立德树人为宗旨，以培养学生工程能力为导向，坚持走创新式发展道路，适应新常态和社会技能人才发展需要，完善产教结合，积极探索创新人才培养模式，构建新型教学体系，打造核心课程、精品课程、特色课程，使中心教学模式出新意、结新果，覆盖本课程教学的难度、深度、广度和创新能力要求，推进课程的综合化、层次化和项目化，竭力为开发中高职衔接教材和教学资源做准备。

积极稳妥地推进学校各单位之间人才培养衔接体系，完善中心课程设置衔接体系，拓宽人才培养终身学习通道。

组织教师积极申报校级、省级教、国家级教改项目，为深化教育改革做出贡献。尽全力申报建设国家级双一流课程，使中心省级教改项目升至 10 项，大力发展综合性、创新性项目，编写工程训练教材。

5. 加强党建促发展

践行“不忘初心，牢记使命”主题教育，要踏实、务实做好党建工作，根本上转变懒惰、碌碌无为的工作状态，发挥党支部战斗堡垒职能，积极引导党员干实事，看实效。主看“工作成效”，以恪尽职守、勇于承担为主要判断指标。要创新，克服故步自封、“吃老本”的工作态度，鼓励党员干部时时思考、时时创新，用“创新”的态度对待工作，善于整合资源优势，切实贯彻创新驱动发展战略指示精神。艰苦奋斗，中心基础训练工作多、繁、重，党员干部要争做奉献的楷模。

讲党性、讲团结、讲大局。加强党员与非党同志交流，为非党同志悉心解读党的相关文件，同心同行为天下储人才，为国家图富强。

中心将遵循“实现一个目标，构建一个体系，加强三个建设，发挥四项功能”的发展思路，践行科学发展、创新发展、内涵发展、特色发展和质量发展，“突出实践教学、重视教研科研、搞好社会服务、加强交流合作”，为创建具有示范和引领作用的一流综合工程训练中心而不懈奋斗！

5.3 构建“未来制造”创新实践平台

5.3.1 制造业转型升级现状与趋势

制造业是国民经济的主体，是立国之本、兴国之器、强国之基。以 2018 年数据为例，我国制造业增加值 264 820 亿元，占国内生产总值比重为 29.41%；制造业就业人数 12 923.5 万人，占就业人数的 16.66%。

当前，各类高新信息技术、新能源、新材料等重要领域和前沿方向的革命性突破和交叉融合，已经在引发新一轮产业变革，并逐渐改变全球制造业的发展格局。面对科技创新发展的新趋势，世界主要制造国家都在寻找科技创新的突破口，制造业振兴战略不断提出，以德国“工业 4.0 计划”、美国“再工业化”、英国“英国工业 2050 战略”等为主要代表，这些国家围绕建立制造竞争优势，加快在信息基础设施、核心技术产业、数据战略资产、以智能制造为核心的网络经济体系等方面进行战略部署，谋求在技术、产业方面保持领先优势，占据高端制造领域全球价值链的有利位置。

我国制造业发展正面临新挑战。主要依靠资源要素投入、规模扩张的粗放发展模式难以为继，调整结构、转型升级、提质增效刻不容缓。2015 年，国务院印发部署全面推进实施制造强国的战略文件《中国制造 2025》，明确指出要加快推动新一代信息技术与制造技术融合发展，把智能制造作为两化融合的主攻方向，着力发展智能装备和智能产品，推进生产过程智能化，培育新型生产方式，全面提升企业研发、生产、管理和服务的智能化水平。

在智能制造时代，工业生产制造逐渐与高新信息技术结合，特别是数字化、网络化和智能化技术深刻地与制造技术融合，通过人工智能和工业物联网等来控制生产设备实行自动化、智能化设计和生产加工，制造工厂的智能化生产，让企业与消费需求直接对接，生产组织方式也从实体生产制造转变为虚实融合的柔性生产系统，提供个性化生产。目前制造企业围绕“智能设计和制造过程”中的关键技术开展研究与应用，在产品研发过程的设计、工艺、生产和服务等不同环节，进行一定程度的数字化网络化智能化。比如，概念设计中的智能创成技术、基于模拟仿真的智能设计技术；数控机床、工业机器人、3D 打印设备等柔性制造系统和特种加工等先进制造技术；智能工厂中，RFID 和图形识别等智能感知技术、物联网技术、大数据分析和云计算技术，以及工业物联网技术等，这些新技术都将对设计与制造方式提出新的要求。

1. 融合云计算、大数据与人工智能的产品数字化智能设计技术

传统的设计制造业务模式从需求调研、用户分析、市场研究等方面获取产品设计需求，然

后再从概念设计到详细设计，并将详细设计方案转变成可制造的工艺流程和生产流程，最后完成产品的制造过程并对外销售。随着物联网、工业大数据、增材制造、增强现实等新兴技术不断涌现并逐步走向成熟应用，传统的产品研发流程无法对技术的更新换代和客户需求做出快速响应，而且也很难适应企业未来智能制造体系建设与发展的需求。企业必须将这种串行研发流程转变为根据用户需求持续改进的闭环智能研发流程。智能制造时代下的产品研发，逐渐将以传统机械设计为主的产品研发转变成跨学科的系统工程，同时还将借助云计算、大数据、仿真分析等技术对产品进行持续不断的优化，为企业研发与制造带来了前所未有的挑战。

未来，产品设计必须是跨越多个专业技术领域和具有多种关键技术特征，涉及多学科跨专业技术领域高度交叉与融合。同时，用户的多样化需求也使产品结构和功能变得非常复杂，IT 嵌入式软件技术也逐渐成为产品的核心部分，需要机、电、软等多个学科的协同配合。企业的产品和服务将会由单向的技术创新、生产产品和服务体系投放市场，等待客户体验，逐步转变为企业主动与用户服务的终端接触，进行良性互动，协同开发产品，技术创新的主体将会转变为用户。其创新、意识、需求贯穿生产链，影响着设计以及生产的决策。设计师将会成为在消费端、使用端、生产端之间的汇集各方资源的组织者，不在这个生产链巨大网络下起到推动作用，不再独立包揽所有的产品创新工作。因此企业必须建立基于云技术的广域协同研发平台，让供应商、合作伙伴、客户等所有人都能够参与到开放式的创新中来。

2. 融合先进制造、增材制造与数字孪生的数字制造技术

增材制造等智能制造技术的出现，使产品的制造工序和生产流程也产生了革命性变化，同时也对设计产生了巨大的反作用力，重新激发了设计创新。产品设计师可以设计出之前充分满足性能需求而无法生产的复杂产品造型，生产制造部门可以摆脱传统制造工艺束缚，生产出结构更复杂、更坚固、更轻量化而无需复杂装配的零件，彻底改变未来工业生产模式。

数字孪生是智能制造系统的基础，它实现了现实物理系统向信息物理空间数字化模型的反馈，智能系统的智能首先要感知、建模，然后才是分析推理。各种基于数字化模型进行的各类仿真、分析、数据积累、挖掘，甚至人工智能的应用，都能确保它与现实物理系统的适用性。通过数字孪生技术的使用，将大幅推动产品在设计、生产、维护及维修等环节的变革。通过创造一个数字孪生体，将这些拟真的数字化模型，在虚拟空间调试、实验，以让机器的运行效果达到最佳。同时也可对设备进行监测，实现故障预判和及时维修，甚至远程维修，极大降低运营成本，提高安全性。

5.3.2　制造业人才需求分析

《中国制造 2025》明确确立以人才为本的基本方针，坚持把人才作为建设制造强国的根本，建设一支素质优良、结构合理的制造业人才队伍，走人才引领的发展道路。

1. 制造业人才缺口

在新一轮科技革命和产业变革中，智能制造已成为世界各国抢占发展机遇的制高点和主攻方向，支撑服务智能制造相关领域技术发展人才的紧缺也成为各国共同面对的时代主题。

智能制造属于传统制造与信息技术的交叉领域，在我国的发展尚处于初级阶段，行业人才缺乏已成为制约智能制造发展的重要瓶颈。据《制造业人才发展规划指南》，2020 年制造业新一代信息技术产业领域人才需求预测 1 800 万人，人才缺口预测 750 万人，如表 5-3-1 所示；到 2025 年，人才总量预测 2 000 万人，人才缺口预测 950 万人。当前及未来一个时期的当务之急，就是为智能制造产业输送“顶梁柱”式人才，以促进中国制造真正实现转型升级。

表 5-3-1　制造业十大重点领域人才需求预测（单位：万人）

序号	十大重点领域	2015 年	2020 年		2025 年	
		人才总量	人才总量预测	人才缺口预测	人才总量预测	人才缺口预测
1	新一代信息技术产业	1 050	1 800	750	2 000	950
2	高档数控机床和机器人	450	750	300	900	450
3	航空航天装备	49.1	68.9	19.8	96.6	47.5
4	海洋工程装备及高技术船舶	102.2	118.6	16.4	128.8	26.6
5	先进轨道交通装备	32.4	38.4	6	43	10.6
6	节能与新能源汽车	17	85	68	120	103
7	电力装备	822	1 233	411	1 731	909
8	农机装备	28.3	45.2	16.9	72.3	44
9	新材料	600	900	300	1 000	400
10	生物医药及高性能医疗器械	55	80	25	100	45

2. 人才培养问题分析

21 世纪以来，党和国家深入实施人才强国战略，推动我国由人力资源大国迈进人才强国行列，制造业人才队伍建设取得了显著成绩，有力地支撑了制造业持续快速发展。而同时，制造业人才队伍建设还存在一些突出问题。一是制造业人才结构性过剩与短缺并存，传统产业人才素质提高和转岗转业任务艰巨，领军人才和大国工匠紧缺，基础制造、先进制造技术领域人才不足，支撑制造业转型升级能力不强。二是制造业人才培养与企业实际需求脱节，产教融合不够深入、工程教育实践环节薄弱，学校和工程训练中心基础能力建设滞后。三是企业在制造业人才发展中的主体作用尚未充分发挥，参与人才培养的主动性和积极性不高，职工培训缺少统筹规划，培训参与率有待进一步提高。四是制造业生产一线职工，特别是技术技能人才的社会地位和待遇整体较低、发展通道不畅，人才培养培训投入总体不足，人才发展的社会环境有待进一步改善。这些问题制约着我国制造业的转型升级，必须通过深化改革创新尽快加以解决。

5.3.3　全新平台的建设

1. 建设意义

将工程训练中心建设打造成为“未来智造学院”，在传统机械制造、加工制造类教学内容

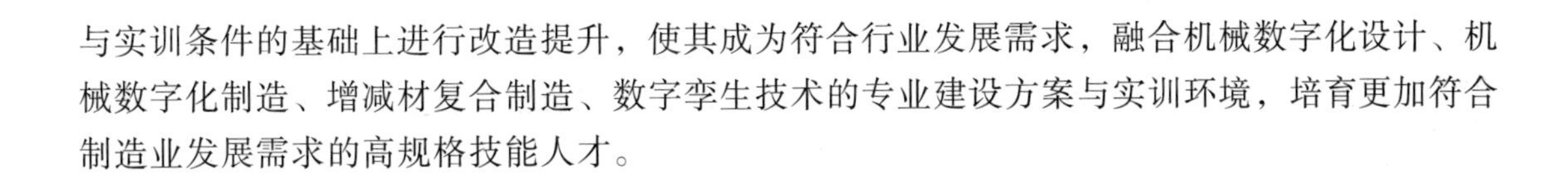
与实训条件的基础上进行改造提升，使其成为符合行业发展需求，融合机械数字化设计、机械数字化制造、增减材复合制造、数字孪生技术的专业建设方案与实训环境，培育更加符合制造业发展需求的高规格技能人才。

2. 建设目标

“未来智造学院”的建设旨在培养智能制造产业所要的数字化设计与数字化制造复合型技能人才，有效满足新时代制造业技能人才需求。项目建设目标包括：

（1）产教融合，以数字化技术提升专业建设。

建设“未来智造学院”能够将行业的新技术、新工艺和新规范纳入教学标准与教学内容，并通过遍布全国的行业用户资源，进一步强化学生实习实训，更好地培养技能人才。项目包含完善的课程资源、软硬件设备与技能人才培养实施方案，能有效地支持学校强工科建设。

（2）技能大赛，以竞技平台培育拔尖人才。

以赛促学、以赛促教、以赛促改、以赛促建、学赛结合，培养技能人才创新能力。除了课堂教学，学生还应积极参与技能竞赛活动，感受技术发展。工程训练中心实践平台的升级要考虑所含的软硬件能有效支撑院校学生参与顶尖技能竞赛项目，包括中国大学生工程实践与创新能力大赛、全国大学生先进成图技术与产品信息建模创新大赛、全国大学生挑战杯赛项等。

3. 平台预期效益

（1）推动传统专业的数字化提升。

智能制造时代下的产品研发，逐渐将以传统机械设计为主的产品研发转变成跨学科的数字化设计的系统工程，同时还将借助云计算、大数据、仿真分析等技术对产品进行持续不断的优化，给企业研发与制造带来了前所未有的挑战。传统的制造业企业制造过程正在快速地推进无人化和智能化，一线产线工人逐渐被机器人等智能装备所取代，传统制造类专业培养的人才必须符合智能制造时代对数字化制造的技能需求。因此，全新工程训练实践平台通过引入新一代的融合云计算、大数据与人工智能的数字设计技术与数字制造技术，从而推动传统制造类专业的数字化转型，更加契合新时代的行业需求。

（2）推动复合型制造业技能人才培养。

平台配置的数字化设计模块融合了大数据、云计算与人工智能技术，符合未来机械产品设计技术的主流发展方向；数字制造模块融合增材与减材构成的增减材复合加工，并结合数字孪生技术开展虚实结合的实训教学，打破过去传统专业培养单一技能的壁垒，推动复合型技能人才的培养。

5.3.4　平台建设内容

传统实践平台向“未来智造学院”方向升级改造，要以融合新一代信息技术的数字化设计、数字化制造、数字孪生技术为主要技术手段，打造完善的专业核心课程体系资源，竞赛来培育新一代的制造业技能人才。

1. 双师教师培养

高校应该与先进制造企业共同组建专业技术团队，为教师团队开展师资培训工作，结合地方产业、教育的特点讲解增材制造、数字化设计与制造技术，建立教师团队，为创新创业实践课程教学打下基础。

2. 全新实践课程建设

基于升级后的创新实践平台打造全新课程体系框架，如图 5-3-1 所示。

数字化设计 Digital Design			数字化制造 Digital Manufacturing	
正向设计		逆向设计	增材制造	减材制造
数字样机	智能设计			
数字样机技术研习 · 数字化建模 · 设计分析验证 · 设计表达 · 高效参数化设计 · 专业设计技术	智能设计技术研习 · 衍生式设计的概念 · 衍生式设计与传统设计 · 衍生式设计与拓扑优化 · 衍生式设计的条件设置 · 衍生式设计的结果生成	逆向设计技术研习 · 逆向工程概述 · 三维扫描与数据采集 · 数据模型修复与处理 · 零部件检测与质量控制 · 逆向设计技术应用	增材制造技术研习 · 增材制造技术概述 · 3D打印前处理 · 3D打印设备操作 · 3D打印后处理 · 3D打印设备维护	减材制造技术研习 · 计算机辅助制造概述 · 数控加工基础 · 数控编程基础 · 数控加工实践 · 加工设备维护与保养
数字样机技术实践案例 常规课程结合应用 （机械制图、机械基础等）	衍生式设计技术实践案例 行业应用案例介绍 （航空航天、汽车行业应用案例）	逆向设计技术实践案例 常规课程结合应用 （零部件测绘等）	增材制造技术实践案例 行业应用案例介绍 （航空航天、汽车、医疗行业等）	减材制造技术实践案例 常规课程结合应 （制造基础、数控技术等）
机械产品数字设计综合案例 （产品全流程数字开发案例，包含模型建立、设计表达、优化设计、设计验证等）			增减材复合加工案例 （发挥增减材制造优势，综合两种方法高效率、高质量完成产品制造）	
数字设计与制造综合案例 （数字样机技术完成常规零部件设计，智能设计技术实现关键部件优化设计；增减材复合加工完成产品制造）				

图 5-3-1　未来智造专业课程体系

（1）数字化设计。

课程模块分为数字样机、智能设计、逆向设计以及配套的实践案例课程，学习掌握数字化设计的基本方法与常用工具，包括三维数字模型建立与数字设计表达，基于人工智能技术进行设计优化的衍生式设计方法，逆向测量与设计建模方法，以及辅助设计分析工具的使用。在此基础上，使具备一定数字化设计与制造、增材制造、减材制造基础的学生进一步学习机械产品数字化设计及机械产品设计中涉及的材料工艺等内容，并通过大量案例，指导学生完成机械产品设计实训。

（2）增材制造技术。

通过本课程学习了解增材制造技术及其行业应用；认识 3D 打印机，了解 3D 打印机的结构；学习 3D 打印机的常规使用操作，能使用 3D 打印机制造简单零部件；学习 3D 打印机的常规维护操作，能完成基本的故障诊断与排除操作。

（3）减材制造技术。

通过本课程学习了解数字化设计与制造的一体化流程，重点介绍减材制造技术及其行业应用——认识减材制造技术，了解减材制造技术的常用方法；认识铣削加工设备，了解铣削加工的基本原理及主要参数；了解数控加工的基本原理，掌握使用 CAM 软件进行加工编程的方法；能使用 CAM 软件及三轴桌面级数控加工设备完成常规机械零件的加工制造。

（4）增减材综合实训。

指导学生综合运用所学专业知识进行数字化设计与制造实践，包括产品数字化设计与增材制造，增减材复合加工，正向、逆向综合设计与增材制造，增材制造设备安装与调试，3D 打印机故障诊断与维修，综合实训六部分内容。

（5）制造产线数字孪生技术。

在数字化设计与数字化制造的基础上，指导学生认知并掌握数字孪生技术，包括制造产线全要素数字建模、虚拟工艺规划与设计、虚实孪生体联调联试、制造产线虚实联动检测与诊断等内容。

3. 实训条件建设

提升实践平台首先要逐步完善的实训条件，要满足数字化设计、数字化制造、增材制造、数字孪生等实训需求。为拓展专业知识与技能，使学生了解数字孪生技术在智能制造中的应用，设置数字孪生与智能产线作为实训环境建设的可选拓展模块。

（1）数字化设计模块。

主要实训设备为装有工业软件的计算机、3D 扫描仪，可由现有机房改建而成。该模块承担数字化设计，包括正向设计、逆向设计专业课程的教学工作，是数字制造技术应用的基础。

（2）数字化制造模块。

主要实训设备为桌面级 3D 打印机、数控铣床，二者组成增减材加工实训平台。3D 打印并非颠覆传统制造方式，而应与传统制造方式相互配合，完成复杂零部件制造的同时保证精度、效率要求。故数字化制造模块可同时满足增材、减材实训要求，以增减材复合加工的思想提高学生技能水平与从业优势。

（3）智能生产线（数字孪生）模块。

以小型生产线为实训设备，以智能装备全要素建模、装备及产线联调联试、故障诊断与处理为主要内容，面向以增减材复合制造为核心的智能生产线相关岗位群，培养学生从事以下工作的能力——安装、调试、部署智能制造装备；应用智能生产线进行智能加工；操作、应用智能检测系统；应用智能生产管控系统。智能产线数字孪生模块契合制造技术主流发展趋势，并能与数字化设计模块、数字化制造模块无缝配合，培养高水平复合型技能人才。

4. 技能竞赛

实践平台的建设内容及技术平台要能对接国际、国内大赛多个赛项，赛事活动可为院校、学生提供展示与交流的平台，实现以赛促教、以赛促学的目的。相关赛事包括：

（1）世界技能大赛“CAD 机械设计”赛项（中华人民共和国职业技能大赛国赛精选赛“CAD 机械设计”赛项）。

世界技能大赛是全球规模的国际化顶级技能赛事，其中“CAD 机械设计”赛项参与度最为广泛，是大赛的重要赛项之一。赛项要求使用三维设计软件 Autodesk Inventor 设计产品数字样机，并使用 3D 打印机进行物理样机制作和验证；使用逆向工程手段反求物理模型。

（2）中国大学生工程实践与创新能力大赛工程场景数字化赛项。大赛以“制造车间智能产线场景数字化”为目标，以“基于数字孪生技术应用的智能产线数字化设计”为主题，以

“物理制造车间”为蓝本，以“三维设计、装配、仿真、数字孪生”等设计软件的运用为手段，以“物理车间生产单元”为载体，以“规范的设备操作、良好的工程素养、优秀的设计方案”为评价指标，培养学生的工程实践创新能力。

5.4 变传统车间为学习工厂

5.4.1 概　念

“学习工厂”，英文为 Learning Factory，是一个集教学、学习和生产于一体的教育环境，是面向高校具有多种功能整合的实践学习场所。学习工厂将理论应用于实际工业场景中，解决实际问题并验证设想。在学习工厂中，学生可以学习工业生产的基本知识和技能，体验团队合作、问题解决和创新等过程。

5.4.2 背　景

学习工厂起源于美国，教育模式更加注重实践和创新，源于对教育与实践相结合的追求，旨在培养学生的实际操作能力和创新思维。新科技革命引发产业革命新变化，第四次工业革命的来临给工科专业人才培养带来了新挑战，为支撑创新驱动发展、“工业 4.0”“中国智造2025”等一系列国家战略需求，我国工科实践教学亟需摆脱传统模式的桎梏，面向真实工业发展，探索形成适应产业新形态的实践教学新模式。

5.4.3 目　标

学习工厂通过模拟真实的生产环境，让学生在实践中掌握各种技能和知识，同时也为学生提供了一个创新的空间。以新工科人才培养需要为主要目标打造全新教学模式，如图 5-4-1 所示。学习工厂的教学目标旨在提高学生的实践能力、创新能力、团队合作能力和职业素养，通过与企业合作深化，实现学生与企业的共赢，为未来工程师职业生涯奠定基础。

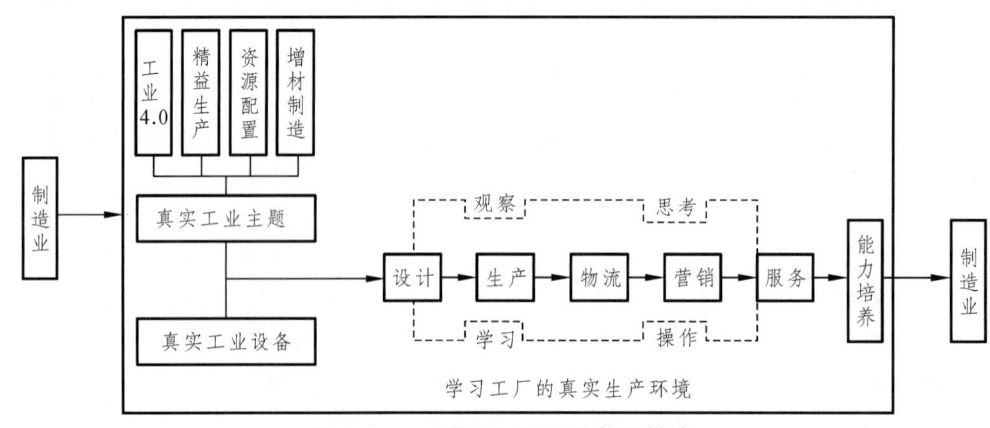

图 5-4-1　“学习工厂”的教学模式

5.4.4　路　径

首先就是转变教学理念，根据“学习工厂”的教学理念，紧跟工业现代化的实践能力需求，各高校依托自身工训课程特色和现有的实践教学平台和创新创业环境，在专业培养方案中明确规定工程实践能力的培养要与产品全生命周期对能力的需求相匹配，并将其反映在具体的实践课程设计中。其次，要转变工程实践教学以掌握传统加工工艺与制造技术为导向的思维定式，通过开发实践教学课程和教学平台的方式，构建融入产品全生命周期各阶段课程模块的全新课程体系。不仅要培养学生的机械设计制造能力，而且更要将产品营销、管理、成本等方面培养落实在整个工程实践教学过程中，课程内容的设计要将不同行业领域、不同层次类型的综合能力训练渗透到工程实践教学全过程，从而培养可胜任产品全生命周期各阶段问题解决的复合型人才。

5.4.5　举　措

一是建立跨学科实践机制。通过合理的组织变革与制度创新，弱化各学院、各专业之间的组织壁垒，成立跨学科实践办公室，负责实现各学科、专业之间的学科资源、教师资源、设备资源的融合与共享，在制度层面为跨学科实践教学内容的落实提供保障。二是设计与真实工业生产环境接近的工程实践训练环境。如图 5-4-2 所示，该环境可使用硬件设施、制造技术、工程管理等教学支持资源，确保工程实践教学环境无限接近真实工业生产，培养学生形成对设计、开发、制造、服务等技能的理解力、领悟力和创造力，以及对工程伦理意识、职业素养、生态意识等素质的判断力和鉴别力。三是紧跟现代工程实践活动的发展趋势，以真实工业主题为导向，将工程问题的解决与实践能力的开发相结合，设计符合真实工业发展需求的实践教学内容。四是应积极聘用工程专家参与工程实践教学。经验丰富的工程专家最清楚工程行业当下所需的各类型人才规格，以及前沿工程实践与工程管理所需的工程知识结构与工程实践能力。工程训练中心应制定科学、有效的聘用机制，吸收他们参与工程实践教学的全过程，从而帮助学生形成与真实工程相匹配的工程实践动机、认知、行为与情感体验。

食品与酿酒工程

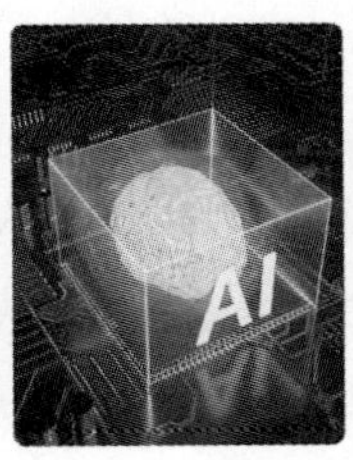

人工智能与软件工程

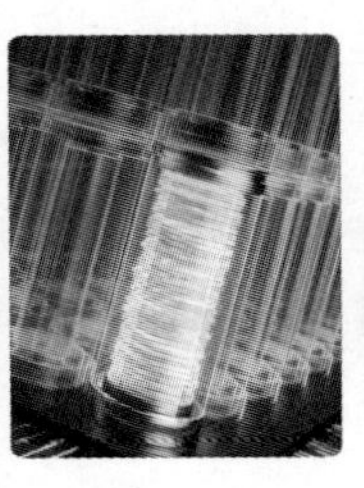
新能源电池及材料

机器人与自动化

乡村振兴
农林业现代化

图 5-4-2　学习工厂的聚焦点举例

5.4.6　目　的

建设产教融合的学习（劳动）工厂（平台），将高校和企业有机结合起来，为学生提供真实的创新环境，让他们在实践中学习，解决实际问题。确保实习实践基地配备先进的设施与设备，使学生能够接触到最新的技术和工作流程。推进项目制教学，把企业真实生产项目和场景结合到实习实践基地的建设，可以为学生提供更加真实和有效的实践机会，帮助他们更好地适应行业需求，培养出具备实际操作能力和创新能力的优秀人才。鼓励学生在学校期间积极参与所需领域相关的项目、实习和科研活动，提升技术水平和综合能力，以更好地满足企业的实际生产需求。此外，邀请企业的专家和工程师客座授课，可以使学生更早地接触实际工作环境和文化，更好地适应企业用人需求。

5.4.7 学习工厂布局及规划

1. 酿酒与食品主题学习工厂

与酿酒与食品工程学院共同建设，和茅台集团、李兴发酒业公司等合作，在学校建设酿酒与食品主题学习工厂，以酿酒工艺为基础，聚焦数字化与机械化改造，通过虚实结合、元宇宙等途径，引导学生掌握基本工艺训练的基础上，以工厂实际项目为目标，解决复杂问题，在实际的评价中，考虑以下十个维度去评估：

（1）动手能力；

（2）设计与创造能力；

（3）场景式学习；

（4）批判思维；

（5）与实际相结合的能力；

（6）学科融合；

（7）沟通能力；

（8）团队合作能力；

（9）内在驱动力；

（10）自主学习能力。

在每次课程、项目、活动结束时还要进行小组总结和反思。

2. 新能源车主题学习工厂

与机械工程学院、电气工程学院、材料与冶金学院共建，与瓮福集团、中伟新材料和比亚迪合作，以新材料上下游产业特别是新能源汽车的应用为主题，邀请企业导师讲解企业文化和工艺，以参加国家级新能源类比赛为载体打造学习工厂，实现以赛促训，以训促赛的良性循环。

3. 木艺、陶艺学习工厂

新增 CMF（Color，Material，Finishing）建设。CMF 的多学科特性能帮助工业设计中解决设计和制造脱节的问题，使创意真正落地变成产品。建设完成后，实训工作室可面向所有实训学生的金工实训工程素养认知环节、产品设计相关专业实践课程、创新创业实践类课程、工程装备设计、学科竞赛等；还依托中心的制造能力和相关 CMF 企业，为创新设计的材料、工艺、表面处理等逆向工程服务，还可提供各类环节的信息化与色彩趋势分析的信息服务方式咨询。

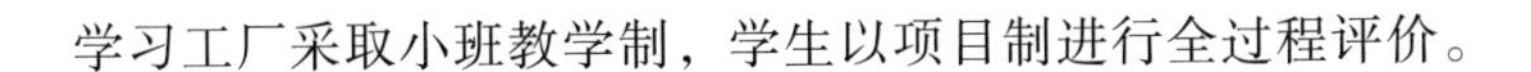

学习工厂采取小班教学制，学生以项目制进行全过程评价。

4. 创客空间

建设完成后，创客空间在工作时间内面向全校师生开放，按照学生在实训室连续工作 4 小时为一个时间段计算，创客空间每个时间段可同时接纳 20 名学生进行工作。

5.5　打造数智工训平台实现工训信息化

5.5.1　国家政策指导及要求

教育部等六部门印发的《关于推进教育新型基础设施建设构建高质量教育支撑体系的指导意见》(以下简称《意见》)，提出到 2025 年，基本形成结构优化、集约高效、安全可靠的教育新型基础设施体系，并通过迭代升级、更新完善和持续建设，实现长期、全面的发展。《意见》指出，教育新型基础设施是以新发展理念为引领，以信息化为主导，面向教育高质量发展需要，聚焦信息网络、平台体系、数字资源、智慧校园、创新应用、可信安全等方面的新型基础设施体系。教育新型基础设施建设（以下简称教育新基建）是国家新基建的重要组成部分，是信息化时代教育变革的牵引力量，是加快推进教育现代化、建设教育强国的战略举措。教育新基建的重点方向包括信息网络新型基础设施、平台体系新型基础设施、数字资源新型基础设施、智慧校园新型基础设施、创新应用新型基础设施、可信安全新型基础设施共六大类 20 项。

5.5.2　学校现状及发展需求

为深入贯彻落实教育部办公厅关于开展《加强高校实验室安全专项行动的通知》(教科信厅函〔2021〕38 号)，“切实落实管理责任，加强信息化建设，充分利用信息化技术，对重大危险源实施实时监控，严格全过程、全周期、可追溯管理”。通过工训室信息化建设，加强高校工训安全性和规范性，已成为我国当下高校工训管理、建设和发展的必然途径和趋势。

结合在工业互联网、物联网等领域的应用基础，在传统工程工训教学基础上融入数字化教学及管理模式，打造一个应用于我校工程工训教学领域的创新型数智化平台。通过平台的建设，集成工训相关的软硬件系统，打造一套完整、系统的管理平台和运营环境，利于数据的互通共享，建立数据的关联关系，为后续的数据分析应用、统筹管理提供保障。

5.5.3　构建目标

工程实践教学数智工训教学平台（以下简称“数智工训平台”）以工训相关的“人、机、料、法、环”五大生产要素为底层支撑，利用工业互联网、物联网、人工智能等新兴技术，通过对设备运行数据、人员数据、环境数据和各种业务数据的融合分析，完成工训日常管理和教学的数字化建设，全面探索新一代工训教学体系新模式，打造“一个平台多个应用系统”的管理模式。全面提升学校工程工训教育过程中学生的兴趣导向和学习效果，有助于提升学校工训教学质量及促进创新型教育模式的探索，有助于进一步提高工程实践教学现代化、开放式建设，符合学校内涵及信息化建设思路。

依托学校信息化建设的顶层规划，融入智慧校园平台建设，确保工训管理信息化建设系统数据开放、共享，实现工训教学的数智化，探索新一代工训教学体系新模式，有助于提升学校工训教育学生的兴趣导向和学习效果，同时也有助于提升学校工训教学质量及促进创新型教育模式的探索。目标分解为三个方面，第一，数字化教学，提供工训教学、评价分析、数据共享应用；第二，物联化监控，设备联网在线监控、视频监控、门禁授权等；第三，可视化呈现，智能终端应用、电子看板、可视化大屏应用。

5.5.4 平台架构

数智工训平台系统架构包含基础设施层、数据资源层、业务应用层及终端用户层，以智慧化教学和工训数据及可视化应用为主，实现教学质量和管理水平的提升、培养智能制造人才。

基础设施层：基础设施层包括智能门禁、智能工具柜、示教考评仪、智慧黑板、电子班牌、AI 摄像头等物联硬件，部分是学校已有设备，部分是新增设备，通过物联硬件与软件系统的结合，以“软硬一体化”的方式来实现“智能化管理、智慧化工训、智能化考评”，构建“智能、实用、高效”的新型工训环境。

数据资源层：数据资源层包括数据处理引擎和数据存储中心两大模块，数据处理引擎负责数据的采集、挖掘、清洗、治理、分析和共享交换。数据经处理引擎处理过后汇聚到数据存储中心，形成标准化数据，为应用层提供数据支撑。

业务应用层：业务应用层主要分为智慧化教学、数字可视化和基础支撑等业务模块。应用端分为 PC 端和移动端。

5.5.5 系统内容预设

1. 数智工训平台软件系统

数智工训平台的建设应当考虑工训安全管理、工训教学管理、工训巡课系统、学生工训档案。

1）工训安全管理

（1）安全教育及准入系统。

构建一套包括实验室安全知识考核、安全线上学习测评系统。学生通过在线学习、线上考试的方式，系统全面性地学习工训通识和专项安全知识，掌握必要的安全行为知识和技能，具备自救自护素养和技能，能熟悉工训教学楼现场环境及安全风险点，在考试合格后获得进入工训场地和工训室的准入资格。通过线上学习和测试学生能够全方位了解工训教学场地，安全通道、安全出口位置标识等导视图，水、电源情况及灭火器放置位置，开设课程信息、工训设备等注意事项及操作规程等；使学生清楚所处环境安全性，了解课程及操作设备的不安全因素，塑造安全防护及规避意识。关联门禁授权及设备刷卡授权，只有通过安全教学学习合格的学生，才能在线申请进入工训室的授权，以及操作具体设备的授权，以此加强学生工训过程的安全管控。

（2）学习任务。

支持工训中心、工训科、教师发布培训计划，培训计划审批确定后，自动生成培训任务，分配到责任人。

（3）在线学习。

在线学习平台支持工训中心、工训科、工训教师，面向教师、班级发布培训课程，培训课程支持 PDF、视频、图文等格式，并支持对发布的视频设置问答题目，防止学生在学习过程中出现挂课的情况。

（4）安全考试。

安全考试支持工训中心、教研室、工训教师，面向班级、参训学生发布考试任务，考题精准定位投入被考试人员，考试面向全院师生，可查看现在正在进行的考试，并对考试进行考试信息进行管理，添加考试学生，查看学生考试成绩等，学生提交考试试卷后系统可自动批改试卷，输出学生考试成绩。

（5）安全题库。

试题管理：教师可在该模块上传或在线手动录入安全试题，并对安全试题进行分类，使用创建的安全考试试卷进行安全考试。

（6）试卷管理：教师可在该模块可根据不同的专业，不同的工训室设置不同的试卷内容和试卷信息，试卷支持固定组卷、随机组卷两种方式。

（7）学习资源。

用户可自行在该模块上传安全学习相关资源，可上传视频、图文、附件等，上传的学习资源可灵活设置查看、下载权限，资源上传后可发布到信息门户网站供学生、教师阅览学习。另外，该模块的数据和教学资源管理模块互联互通，保障学习资源的唯一性。

（8）资格证书。

通过考试的人员可获得资格证书，系统可实时查看所有证书获得情况，系统可按教师、学生签发资格证书，教师、学生可在线下载。

（9）综合统计。

成绩统计模块：老师可在该模块查看各个班级的学生考试成绩并导出成 excel 表格；

综合统计模块：老师可以通过该页面查看统计学生的参考率，分数分布情况，通过率，高频错题等信息。

2）工训教学管理

通过打造智慧化的教学环境，运用数字化的教学资源，以数字化教学模式进行培养适应 21 世纪需要的具有创新意识和创新能力的复合型应用人才。包括：工训教学系统、工训巡课系统、学生工训档案。

（1）工训教学管理。

工训教学系统是实现数字化工训教学的核心系统，包含工训计划管理、工训项目管理、教师预约及工训教学管理模块，其中工训教学管理又包括课程管理、课程安排、我的课堂、我的课表、课堂管理、课前预习、成绩汇总、试卷库、试题库、工训过程配置等功能模块。

（2）工训教学计划。

工训教学计划包括工训计划填报及工训计划审批两个功能。工训计划可由具备权限的教师提交申请，申请时工训计划只能关联已通过审核的工训项目，申请提交后工训中心、二级学院工训课相关领导在工训计划审批模块逐级审批，不通过的计划可备注原因后退回到申请教师，申请教师按要求调整后再次发起申请。

（3）工训教学项目。

工训教学项目包括工训项目申请、工训项目审批、工训项目资源管理及工训项目统计功能。教师在申请工训项目时可填报工训项目所需耗材、工具、工训项目考核表、工训项目指导书等内容，工训项目提交后按规范流程逐级审批，工训项目审批通过后，关联的工训资源可作为耗材采购的依据，耗材采购模块将可直接关联选择。

（4）工训课程安排。

可根据教学任务设置本学期需要上的课程，此模块支持打通教务系统数据。另外，教学任务之外的课程可直接在线预约，具体依托开放预约系统来实现。

（5）工训教学管理。

拥有管理权限的教师可以在该页面下查看所有课堂班级的学生信息、布置预习任务、工训考勤打分、学习资源发布、工训任务/作业发布、报告和考核打分、学生成绩汇总等。

课前预习：教师在上课之前可对学生设置课前预习任务，系统会实时跟踪学生的预习情况展示到页面上给教师查看，包含预习任务和学习资料。

学习资源：教师可在该模块发布课程相关的学习资源，对发布的资源可设置共享范围、是否可下载等权限。

工训考勤：教师可在该模块查看各学生的考勤情况，考勤基础数据来源于电子班牌刷脸打卡，另外教师可在该模块核实修改学生考勤。

工训作业/任务发布：教师可在线发布工训作业，学生可通过移动端或 PC 端上传作业，教师在线批阅打分。

工训打分：教师可在该模块对学生工训过程的实操、现场管理、作品等进行打分，各分项根据加权项自动计算出总成绩。

试卷库：根据不同的专业，不同的工训设置不同的试卷内容和试卷信息，试卷关联课程，学生上完课程后可以进行考试。

试题库：教师上传或在线手动录入安全试题，并对试题进行分类，使用创建的安全考试试卷进行考试。

成绩汇总：查看各个班级的学生考试成绩并导出成 excel 表格。

3）工训巡课系统

工训巡课主要是实现开设的工训课程过程管控，工训课程的上课实时情况、上课到课率等巡课工作内容，现阶段线下按照课表在工训场地（实训室）进行实地巡查，实地巡课工作量大，且存在数据不同步、实时性差，不能清楚地查看每天的工训上课情况，巡查记录填写亦麻烦且易丢失。工训巡课系统能很好的解决目前存在的教学活动过程管控，实现巡课工作线上开展，具体内容包括全校工训教学活动的统计汇总、实时监控及在线巡课，可按全校、各个系进行筛选查看，具有统计数据和详情列表，能实现查看每一间工训室的实时状态（接入各工训室的视频监控），并可精准搜索工训室查看、根据教学课程实时巡课等。

4）学生工训档案

学生工训档案是通过系统收集工训过程中的作品、作业、报告、考勤、预约、成绩等数据形成学生的个人能力画像，学生可输出作为个人简历的基础支撑，学校可作为工训教学改良的依据。

2. 物联集控系统

物联集控系统是数智工训平台的基础支撑系统，包含前端数据的采集与关联硬件系统的控制，有工训设备数据采集、工训操作台通断电控制、工训室视频监控、电量监测等内容，包含设备控制、设备管理功能模块。

设备控制：可查看各工训室中设备的开关机状态，对忘记关机或者出现违规操作的设备进行通断电处理。

设备管理：可查看设备数据采集连接的信息，当添加新设备时可在该页面设置设备连接的 IP 地址采集端口等信息。

5.5.6　工训数据分析及可视化

工训数据分析及可视化是工训室综合管理系统数字化、智慧化、智能化的集中体现，该模块以大数据、物联网、建模、数字孪生等技术为支撑，将工训基地、实训室、工训课程、工训教学过程等以数字化的形式清晰直观地呈现给用户。包括工训数据分析及报表、工训数据可视化。

工训数据可视化展示通过平台提供的数据存储、分析，用图形化方法让数据、知识以及信息得到了表示，这里可以展示的数据可包括：工训室利用率、工训人数、耗材使用、学生通过率等。根据实际的需求定制相应的大数据分析报表页面，主要用于对外展示、参观的亮点窗口。

5.5.7　“数智工训”平台的效果

“数智工训”平台的效果主要体现在以下几个方面：

首先，在教学方面将极大地提高工训教学效果，不仅对工训中心现有公共实训教学有很好的促进作用，而且在此平台上极易扩展新的公共实训课程，与此同时还能逐步增加公共实训课的范围，将受益专业范围扩大。

其次，在设备的管理和利用方面，由于工训教学和管理系统以及感知系统的介入，将进一步提高设备的利用率，规范设备及耗材的使用。

最后，感知系统的介入，兼顾增强了工训中心的窗口功能，能够对学校起到正面的宣传作用。

参考文献

[1] 叶汉新. 电工电子技术的现状与发展研究[J]. 山东工业技术，2017（02）：148.
[2] 张铁. 电工电子技术的现状与发展探讨[J]. 数码世界，2018（05）：339-340.
[3] 王晓童. 信息化时代下电工电子技术发展探究分析[J]. 电子元器件与信息技术，2021（08）：151-152.
[4] 路红娟. 电子电工技术及网络化技术在电力系统中的应用研究[J]. 现代信息科技，2019（04）：134-135.
[5] 葛雅清. 电力系统中电子电工技术及网络化技术的应用[J]. 电子测试，2021（11）：121-122.
[6] 张俊超. 电力系统中的电子电工与网络技术的应用[J]. 集成电路应用，2023（04）：144-145.
[7] 徐永梅. 电子与网络化技术在电力系统的应用[J]. 集成电路应用，2020（10）：110-111.
[8] 俞汉忠. 探究电工电子设备中的三防技术[J]. 决策探索（中），2019（12）：48.
[9] 石睿睿，刘晓丰，刘占浩，辛永峰. 电工电子设备三防技术综述[J]. 科技风，2018（07）：106-107.
[10] 杨礼迦. 电工电子设备三防技术分析[J]. 电子世界，2019（04）：188-189.
[11] 姚红艳. 电工电子设备三防技术分析[J]. 通信电源技术，2019（09）：254-255.
[12] 李欣. 基于 MATLAB 软件的多媒体课件制作[J]. 浙江师范大学学报（自然科学版），2002（04）：37-40.
[13] 钱少伟. 浅述电子电工技术 CAI 系统的实现[J]. 电子世界，2017（10）：137.
[14] 阎家光. 电子产品硬件设计的探析[J]. 电子技术与软件工程，2015（20）：137.
[15] 宋睿. 集成电路的测试与故障诊断研究[J]. 科技创新与应用，2016（13）：103.
[16] 房锐，林都督. 集成电路设计与 IP 技术[J]. 电子技术，2020（07）：8-9.
[17] 张娓娓，张月平，吕俊霞. 常用数字集成电路的使用常识[J]. 河北能源职业技术学院学报，2012（03）：71-74.
[18] 刘晓方. 集成电路的引脚识别方法[J]. 家电检修技术，2010（08）：20-21.
[19] 徐秀妮. 全过程控制在数字电路实验中的应用[J]. 陇东学院学报，2015（05）：14-17.
[20] 刘娅，周龙. 高校课程考核评价方式改革探索与实践[J]. 教育教学论坛，2017（28）：129-130.
[21] 韦家崭，陈平，刘荣进，等. “新工科”背景下“工程项目管理”课程教学改革与实践[J]. 教育教学论坛，2020（24）：175-176.

[22] 李昭静，郭雷岗，扈艳刚. 基于单片机的“智能月球车”设计[J]. 福建电脑，2012（10）：135-153.
[23] 林俊仁，郭骏祥，王一凡，等. 基于STM32的智能搬运机器人设计[J]. 中国管理信息化，2022（13）：176-179.
[24] 徐盟. 基于Arduino的直升机动平衡辅助计算设备开发[J]. 电子技术与软件工程，2019（10）：34-35.
[25] 蒋文美，杨海彬，李德威，等. 基于云端的公共智能防疫监控系统[J]. 物联网技术，2022（07）：15-19.
[26] 周志宏. 基于STEM的中职Arduino机器人教学设计——以“实时温湿度检测器”为例[J]. 数码世界，2019（08）：188.
[27] 靳鹏晨. 王坡煤矿井下移动监控技术研究[J]. 煤炭工程，2019（S1）：141-144.
[28] 宋敏娟. 教育与生产劳动相结合的时代内涵及其实现途径[J]. 毛泽东邓小平理论研究，2019（01）：15-19+107.
[29] 代玉启，姚乃文. 新时代中国青年精神气节的内涵与养成[J]. 社会主义核心价值观研究，2021（04）：55-64.
[30] 谭燕. 高校辅导员开展“双创”教育的现实意义及现状分析[J]. 科技资讯，2018（21）：240-241.
[31] 陆广峰. 高校大学生就业难因素分析及对策研究[J]. 中国成人教育，2015（14）：59-61.
[32] 郭晓凤，李俊娇，权海平，等. 探索基于创客教育模式的课程思政设计与实践——以单片机技术与应用课程为例[J]. 科学咨询（科技·管理），2022（12）：205-207.
[33] 陈寅杰，石瑞，曹建军，等. 基于LabVIEW的数字信号生成在渔船通导设备测试中的应用[J]. 现代农业科技，2022（12）：205-207.
[34] 刘伟，王德福. 基于STM8的热膜式流量计信号处理和自动标定系统[J]. 计算机与网络，2014（06）：67-70.
[35] 周峥嵘，管琪明. 以“双创”中心建设为契机全面开创工程训练教学新局面[J]. 实验技术与管理，2017（04）：18-20.
[36] 王博超. 关于改革电子技术应用实验内容的探索[J]. 黑龙江科技信息，2011（14）：172.
[37] 赵宁. 高校工程训练中心建设之思考[J]. 煤炭高等教育，2012（03）：89-90.
[38] 严绍华，黄德胜，李鸿儒，等. 现代工业培训基地建设与人才培养[J]. 教育仪器设备，2000（04）：37-39.
[39] 邹卫放. 试论高校教师专业成长的新视点——基于现代工程训练的视角[J]. 黑龙江高教研究，2010（02）：94-96.
[40] 朱瑞富，孙康宁，贺业建，等. 综合性大学工程训练中心发展模式设计与实践[J]. 实验室研究与探索，2011（04）：93-95+107.
[41] 张小辉，孟广波，礼广成. 转型背景下地方本科院校工程实训中心建设的思考[J]. 沈阳工程学院学报（社会科学版），2016（04）：107-110.
[42] 吕绿洲，林海，周远松，等. 环境工程实验教学示范中心建设规划与实践[J]. 中国教育技术装备，2017（20）：37-39.

[43] 席东梅. 筑牢职业教育发展之根基——专家解读《关于深化职业教育教学改革全面提高人才培养质量的若干意见》[J]. 中国职业技术教育，2015（25）：11-15.

[44] 余雪. 四大举措补强电子信息产业支撑《中国制造 2025》[J]. 智慧中国，2016（09）：42-44.

[45] 牟海望，李晋. 基于互联网+的新型工业生态体系构建策略研究[J]. 电信工程技术与标准化，2017（06）：8-11.

[46] 陈晓明. 智能制造工程技术人员——中国制造转型升级的“顶梁柱[J]. 中国培训，2020（09）：34.

[47] 姜峰，徐西鹏，黄辉，等. 机械工程专业人才培养方案的对比研究——以麻省理工学院、清华大学和华侨大学为例[J]. 教学研究，2018（04）：25-32+118.

[48] 李冲，毛伟伟，张红哲，等. 从工程训练中心到学习工厂[J]. 高等工程教育研究，2021（03）：98-105.